1000000 粉丝忠实热捧
人气育儿专家 最新力作

许尤佳
小儿夏季保健食谱

儿科主任
博士生导师　　许尤佳　著

SPM 南方出版传媒
广东科技出版社｜全国优秀出版社
·广州·

图书在版编目（CIP）数据

许尤佳：小儿夏季保健食谱 / 许尤佳著. — 广州：
广东科技出版社，2019.8（2023.9重印）
（许尤佳育儿丛书）
ISBN 978-7-5359-7190-6

Ⅰ.①许… Ⅱ.①许… Ⅲ.①儿童—保健—食谱
Ⅳ.①TS972.162

中国版本图书馆CIP数据核字(2019)第148205号

许尤佳：小儿夏季保健食谱
Xuyoujia:Xiao'er Xiaji Baojian Shipu

出 版 人：朱文清
策　　划：高 玲
特约编辑：黄 佳　林保翠
责任编辑：高 玲　方 敏
装帧设计：深圳·弘艺文化 HONGYI CULTURE
摄影摄像：
责任校对：杨崚松
责任印制：彭海波
出版发行：广东科技出版社
　　　　　（广州市环市东路水荫路11号　邮政编码：510075）
销售热线：020-37607413
https：//www.gdstp.com.cn
E-mail：gdkjbw@nfcb.com.cn（编务室）
经　　销：广东新华发行集团股份有限公司
印　　刷：佛山市华禹彩印有限公司
　　　　　（佛山市南海区狮山镇罗村联和工业西二区三路1号之一　　邮政编码：528225）
规　　格：889mm×1194mm　1/24　印张7　字数150千
版　　次：2019年8月第1版
　　　　　2023年9月第5次印刷
定　　价：49.80元

如发现因印装质量问题影响阅读，请与广东科技出版社印制室联系调换（电话：020-37607272）。

儿科主任/博士生导师　许尤佳

- 1000000 妈妈信任的儿科医生
- "中国年度健康总评榜"受欢迎的在线名医
- 微信、门户网站著名儿科专家
- 获"羊城好医生"称号
- 广州中医药大学教学名师
- 全国老中医药专家学术经验继承人
- 国家食品药品监督管理局新药评定专家
- 中国中医药学会儿科分会常务理事
- 广东省中医药学会儿科专业委员会主任委员
- 广州中医药大学第二临床医学院儿科教研室主任
- 中医儿科学教授、博士生导师
- 主任医师、广东省中医院儿科主任

　　许尤佳教授是广东省中医院儿科学科带头人，长期从事中医儿科及中西医儿科的临床医疗、教学、科研工作，尤其在小儿哮喘、儿科杂病、儿童保健等领域有深入研究和独到体会。特别是其"儿为虚寒体"的理论，在中医儿科界独树一帜，对岭南儿科学，甚至全国儿科学的发展起到了带动作用。近年来对"升气壮阳法"进行了深入的研究，并运用此法对小儿哮喘、鼻炎、湿疹、汗证、遗尿等疾病进行诊治，体现出中医学"异病同治"的特点与优势，疗效显著。

　　先后发表学术论文30多篇，主编《中医儿科疾病证治》《专科专病中医临床诊治丛书——儿科专病临床诊治》《中西医结合儿科学》七年制教材及《儿童保健与食疗》等，参编《现代疑难病的中医治疗》《中西医结合临床诊疗规范》等。主持国家"十五"科技攻关子课题3项，国家级重点专科专项课题1项，国家级名老中医研究工作室1项等，参与其他科研课题20多项。获中华中医药科技二等奖2次，"康莱特杯"著作优秀奖，广东省教育厅科技进步二等奖及广州中医药大学科技一等奖、二等奖。

　　长年活跃在面向大众的育儿科普第一线，为广州中医药大学第二临床医学院（广东省中医院）儿科教研室制作的在线开放课程《中医儿科学》的负责人及主讲人，多次受邀参加人民网在线直播，深受家长们的喜爱和信赖。

俗语说"医者父母心"，行医之人，必以父母待儿女之爱、之仁、之责任心，治其病，护其体。但说到底生病是一种生理或心理或两者兼而有之的异常状态，医生除了要有"医者仁心"之外，还要有精湛的技术和丰富的行医经验。而更难的是，要把这些专业的理论基础和大量的临证经验整理、分类、提取，让老百姓便捷地学习、运用，在日常生活中树立起自己健康的第一道防线。婴幼儿时期乃至童年是整个人生的奠基时期，防治疾病、强健体质尤为重要。

鉴于此，广东科技出版社和岭南名医、广东省中医院儿科主任、中医儿科学教授许尤佳，共同打造了这套"许尤佳育儿丛书"，包括《许尤佳：育儿课堂》《许尤佳：小儿过敏全防护》《许尤佳：小儿常见病调养》《许尤佳：重建小儿免疫力》《许尤佳：实用小儿推拿》《许尤佳：小儿春季保健食谱》《许尤佳：小儿夏季保健食谱》《许尤佳：小儿秋季保健食谱》《许尤佳：小儿冬季保健食谱》《许尤佳：小儿营养与辅食》全十册，是许尤佳医生将30余年行医经验倾囊相授的精心力作。

《育婴秘诀》中说："小儿无知，见物即爱，岂能节之？节之者，父母也。父母不知，纵其所欲，如甜腻粑饼、瓜果生冷之类，无不与之，任其无度，以致生疾。虽曰爱之，其实害之。"0~6岁的小孩，身体正在发育，心智却还没有成熟，不知道什么对自己好、什么对自己不好，这时父母的喂养和调护就尤为重要。小儿为"少阳"之体，也就是脏腑娇嫩，形气未充，阳气如初燃之烛，波动不稳，易受病邪入侵，病后亦易于耗损，是为"寒"；但小儿脏气清灵、易趋康复，病后只要合理顾护，也比成年人康复得快。随着年龄的增加，身体发育成熟，阳气就能稳固，"寒"是假的寒，故为"虚寒"。

在小儿的这种体质特点下，家长对孩子的顾护要以"治未病"为上，未病先防，既病防变，瘥后防复。脾胃为人体气血生化之源，濡染全身，正所谓"脾胃壮实，四肢安宁"，同时脾胃也是病生之源，"脾胃虚衰，诸邪遂生"。脾主运化，即所谓的"消化"，而小儿"脾常不足"，通过合理的喂养和饮食，能使其健壮而不易得病；染病了，脾胃健而正气存，升气祛邪，病可速愈。许尤佳医生常言：养护小儿，无外乎从衣、食、住、行、情（情志）、医（合理用药）六个方面入手，唯饮食最应注重。倒不是说病了不用去看医生，而是要注重日常生活诸方面，并因"质"制宜地进行饮食上的配合，就能让孩子少生病、少受苦、健康快乐地成长，这才是爸爸妈妈们最深切的愿望，也是医者真正的"父母心"所在。

本丛书即从小儿体质特点出发，介绍小儿常见病的发病机制和防治方法，从日常生活诸方面顾护小儿，对其深度调养，尤以对各种疗效食材、对症食疗方的解读和运用为精华，父母参照实施，就可以在育儿之路上游刃有余。

Chapter 1 小儿夏季饮食调理

目 录 CONTENTS

Chapter 2 营养、天然的夏季时令保健食谱

目 录 CONTENTS

Chapter 3　炎炎夏日，小儿养心不要误

Chapter 4　夏季防病保健方案

Chapter **1**

小儿夏季
饮食调理

小儿夏季调养的知识点

◉ 夏季养护，讲究"平衡"

当草木蛰伏了一个冬天，在春天努力地生长成为一株茁壮的小苗之后，随着白天越来越长，太阳越来越烈，当日历翻到"立夏"一页时，夏天便来了。斗指东南，维为立夏，万物至此皆长大，故名立夏也。

夏主长。夏季是万物生长并逐渐趋于成熟的季节，也是孩子最活跃、生长最旺盛的季节。顺应季节变化，就是与宇宙、天地、自然最直接的沟通与呼应，也是养护孩子的重要方法，在孩子的调护上，最容易达到事半功倍的效果。因此，步入夏季，家长顾护孩子的方法也要随着季节的变化而调整。

夏天，除了要考虑气候特点等外在因素之外，还有更重要的内在因素：孩子的脾功能在夏天更是弱上加弱！夏季是一年中降水最多的季节，越往后天气越湿热，而脾最为恶湿喜燥，家长养护孩子，首先要留意的是湿邪对孩子的侵犯。同时，家长还要特别警惕寒邪入侵。很多人会疑惑，

夏天不是热吗？怎么会有"寒"呢？其实，孩子因为寒邪入侵而感冒发烧的在夏天特别多见。为什么？最简单的原因就是空调的使用。在家时，晚上睡觉会吹空调；出门游玩，大型室内游乐场、商城的空调开得就更大了。此外，气温骤降、涉水淋雨、汗出当风，这些情况都很容易会让孩子受到寒气。然而，夏天不用空调是不现实的，过热也不利于孩子的健康，家长只能从生活养护和脾胃调养、增强孩子自身抵抗力上着手。给孩子祛湿寒就显得尤为重要了。

夏主心。四季中夏天属火，"火

气通于心""暑易入心",夏季孩子活跃,从而导致气血外向、出汗增多、心跳加快等现象,所以除了脾胃,要重点注意孩子心脏的养护。心火能够克肺金。由于孩子本身脾功能差,导致肺的功能也不会特别强,夏天会更加弱一些,这也是夏天孩子呼吸系统疾病、感冒发烧多发的原因。药王孙思邈在《千金要方》中提出:"夏七十二日,省苦增辛,以养肺气。" 也说明了夏天养肺的重要性。

因此,在夏季孩子养护上最为关键的就是"平衡"二字。家长不能一味地清热解毒,同时也要注意温补脾肺、祛湿、养肺。

◉ 夏天养护,让孩子少生病的四个方法

明人《莲生八戕》一书中对夏天的描写是:"孟夏之日,天地始交,万物并秀。"夏天,万物繁茂,最是宽纵万物任其生长,孩子在夏天的成长发育也最为迅速。这个时候,孩子生长所需的养分比其他季节的需求更高,养分倚赖于脾运化水谷精微,输送给五脏六腑,但夏季又是脾最为薄弱的时候,所以这个季节对孩子的养护是很考验家长的。家长在衣食住行、方方面面都要做到细心,合理。

1.夏天孩子穿衣应"防冻"

夏天给孩子穿衣,与其要提醒家长怎么让孩子凉快,我反而要提醒家长怎么让孩子"防冻"。古代医家早在"养子十法"中提到,要让孩子"背暖""肚暖",这两个部位一旦受凉,孩子就很容易生病。现在夏天最大的问题不是暑热,而是空调的寒气。

家长在孩子穿着上,要做到:

出门多带几件汗衫。汗湿要勤换,避免流汗吹风。

给孩子用汗巾。给孩子后背加上汗巾,一来可以及时更换;二来在室内空调大的地方,也会起到背部保暖的作用。

孩子睡觉的时候用薄被盖住肚子。古时小孩穿肚兜也是这个道理,让孩子的肚子不受凉。

2.夏天孩子饮食应"防寒"

夏天,家长最怕孩子"上火",尤其是老人,经常给孩子煲各种清热解暑的汤水。其实,这些汤水适合大人,如果孩子长期食饮,就太过于寒凉。

另外,首先要注意的就是冷饮,孩子消化好的时候偶尔吃一两次是可以的,但是经常吃,水果、甜点也吃

冰冻的，就会损伤孩子的脾胃功能。其次，也不宜喝太多凉白开。

夏季脾的功能弱，所以经常说的天气热孩子没胃口，就是由于这时消化系统较弱，如果这个时候继续食用寒凉的食物，孩子就更容易出现脾虚的情况，因此可以多给孩子平补，在饮食里有意识地增加一些温性健脾的食物，比如姜葱蒜、陈皮、太子参等。

3.管理好孩子起居的两大难题

（1）防蚊。家长应在白天孩子不在家的时候，定期灭蚊，平时加上纱窗，睡觉时加蚊帐。一些驱蚊的化学制剂，尽量在孩子不在家里的时候使用。

（2）空调。空调也是让家长很头疼的问题。空调应控制在28℃左右，不要直吹头脸。睡觉时开空调要注意保护孩子的肚子，可以用薄纱布巾裹住孩子的肚子，因为没有盖到脚，就不用担心半夜孩子踢掉了。

4.盛夏多休息，少出远门

夏天特别炎热的天气，不建议带孩子出远门游玩。一到暑假，很多家长特别喜欢带孩子去海边度假。但是，对于3岁以下的孩子，身体机能较弱，夏天天气热，孩子生长发育迅速，好动多汗，消耗的能量本就较多，脾的负担更比平时重，抵抗力就会弱一些。天气太热，玩得太累，就很容易生病，所以，到了夏天，要让孩子养成睡午觉的习惯，动静结合，让孩子的机能得到及时休息恢复。

做好以上四个方面，就能让孩子健康、快乐地度过一整个夏天！

⊙ 春夏交替，不容忽视的情志呵护

每到季节交替，气候一变化，孩子就容易感冒生病，做家长要特别注意。以我多年的临床观察，春夏除了细菌滋生等外因容易导致孩子生病之外，还有一个很重要的因素，会让孩子抵抗力下降、容易生病，而家长普遍都不重视，这个因素就是孩子的过度兴奋。

古代医家认为：人有喜、怒、忧、思、悲、恐、惊7种不同的情感反应。影响孩子最重要的基本情绪是愉快、兴奋、愤怒、恐惧。孩子的情绪很容易波动，容易对新鲜的事物产生兴趣，有时动不动就会发脾气哭闹，又很容易被人和事惊吓到。孩子正处于生长发育期，脏腑娇嫩，形气未充，筋脉未盛，神气怯弱。如果情绪刺激过大、过久，对五脏六腑也会有所影响。在成年人看来不是很夸张的情志刺激，很有可能让孩子产生强烈的情绪反应从而导致疾病的发生。

孩子的情绪，指的是我们经常说的"从衣、食、住、行、情志来呵护孩子"里面提到的"情志"。

为什么春夏交替时，孩子的情志易受伤？

惊恐、生气这些负面情绪对于家长来说是很好理解的，也会给孩子适当的保护。但家长往往忽略的是孩子的过度兴奋。

春末夏初，气候比较适宜，这时天气不冷不热，也不像秋天有那么多的风，家长都很喜欢带孩子进行户外活动。户外莺飞草长的地方，孩子三五成群，很容易就会玩得很疯。有些孩子晚上回家就开始说梦呓，小一些的孩子还有可能会睡不安稳。

过频、过多的疯玩是孩子情志受损的最主要的原因。特别是在游乐园、公园这些人群比较密集的地方，孩子长时间地处于开心、兴奋的状态。这时候如果家长有所控制，不少孩子就生气、大哭，情绪容易过激。太喜伤心，太怒伤肝，春主肝，夏主心，情志活动失调，就会影响到孩子脏腑的功能。

呵护孩子的情志，家长要注意什么？

孩子是很容易兴奋，家长要注意的是时间和频次，不要让孩子激动的时间太长，也不要每次都玩得很兴奋。

1.户外活动要有节制

家长带孩子到户外活动，要先跟孩子有所约定，每次玩的时间不能太久，并适度休息，到点就要回家，让他们形成习惯。对一些剧烈的活动要控制频次，不要太频繁。间接安排一些温和一些的活动，如逛博物馆、图书馆、科学馆等。对于较小的孩子，家长就更要注意孩子的情志，不要带太小的孩子去电影院，或者生人太多的地方，户外活动的时间也不宜过长。

2.关注孩子的消化情况

在孩子参加一些易引起兴奋的活动的前后几天，家长要特别关注孩子的消化情况。如果有积食，再加上过度兴奋，很容易导致孩子生病。

3.刚病愈的孩子要多静养几天

夏季流行病盛行，孩子容易反复地生病，很多家长在孩子刚退烧或者感冒刚好就送去幼儿园，或者参加各种兴趣班。病后孩子跟小伙伴一玩，又容易兴奋起来，本来抵抗力还没完全恢复，容易引发再次生病。

⊙ 芒种，不可错过的体质调养黄金期

到了炎夏，阳气生发扩散，本来阳气就不足的孩子，这时就显得更加虚弱。芒种是天地间的阳气逐渐达到旺盛的时期，孩子的成长发育也会达到高峰期，新陈代谢旺盛，生长发育迅猛。此时是顾护孩子阳气、增强抵抗力的一个关键时期。如果这个阶段调理好，就把握住了一年中非常宝贵的调养孩子的最好时机，孩子在一整年都会有个很好的体质基础，也会明显降低一些秋冬季多发的病的发生。

另外，芒种过后，进入梅雨季，湿热越来越重，"湿邪重浊易伤脾胃"，而脾是孩子抵抗力的本源。因此，这段时间，家长养护孩子要围绕三个重点：祛湿、温阳、健脾。

1.祛湿

进入盛夏，孩子祛湿显得越来越重要，家长首先要学会判断孩子是不是湿气重。

（1）看起床气。如果孩子早上起床气比平时重得多，打不起精神，家长就要有所警惕。因为脾主肌肉、四肢，湿邪入侵会让四肢乏力，身体感觉很沉重，人没有精神。如果孩子早上起床比平时更要懒，家长要特别观察一下孩子的其他表现，比如便便和舌苔。

（2）看便便。湿邪的一大特点就是湿性黏滞，直接表现为排泄物和分泌物的滞涩不畅。便便粘在便池上，不容易冲洗掉，就是俗称的便溏。这种情况说明孩子有比较明显的湿邪入侵了。

（3）看舌苔。"舌为心之苗，又为脾之外候"，舌相对孩子脾胃的情况反应最为敏感。家长要养成每天看孩子舌苔的习惯。如果发现舌苔厚腻，甚至有厚厚的一层黄色；或有齿痕印，舌体边缘有牙齿压迫的痕迹，说明孩子的湿气已经很重了。

盛夏给孩子祛湿有以下几种方法。

（1）食疗祛湿是很好的方法，但是孩子夏天脾胃功能弱，用食疗方煲汤水时，家长总是忍不住放过多的肉或者骨头，这反而会增加脾胃的负担。用素

汤、糖水更好，或者让孩子喝汤不吃渣。食疗期间，家长要做到每天观察孩子的消化情况，及时助消化。

> **专家推荐食疗方**
>
> **健脾祛湿汤**
>
> 材料：土茯苓15克，白术10克，五指毛桃15克，芡实10克。
>
> 用法用量：煲汤或者煲水喝都可以。这是是1岁以上孩子一人份量。
>
> 功效：平补、健脾、祛湿。

（2）运动能排汗，又不会给脾胃增加负担，但容易过度流汗，所以家长要避免孩子过多出汗伤阳。孩子生性好动，夏天天气闷热，稍微动一下就满身大汗，阳随汗泄，而孩子本身阳气就不足。孩子动起来就停不住，到了盛夏，容易过度流汗，特别是比较体虚的孩子。

（3）泡脚排汗既不会给脾胃增加负担，又不容易过汗。用温水泡脚，可以促进血液循环，孩子出汗后，湿气随之排出体外。同时水温可以刺激这些穴位，增强五脏六腑的机能，所以老人

说："富人吃补药，穷人泡泡脚"。可见泡脚的作用有多大。

要注意的是：用药汁泡脚也是药浴的一种方式，跟吃药、打针的功效是一样的。尤其对孩子来说，孩子皮肤吸收能力强，直接浸浴，一定要有医生的指导。给孩子泡脚时，家长一定要注意：水温不可过烫，浸泡时间不宜过长。一岁以内的孩子，不推荐泡脚。

2.温阳

阳气是生长之气，人的生气。阳气足，外邪不易入侵，抵抗力就强；阳气不足，就会百病生。湿气重的很大一个原因是体内阳气不足。中医认为，阳加

于阴谓之汗。汗是阳气作用的结果，尿则是在人体肾阳温煦作用下的结果。所以，只要人体阳气旺，湿气就不容易积聚下来。

同时，祛湿必然会损耗阳气，所以我们说阳随汗泄。孩子流汗过多，阳气就会流失损耗，阳气不足，孩子就更容易犯湿邪。

所以，在祛湿的同时，一定要温阳。再加上孩子是"虚寒之体"，本身的阳气非常弱、不稳固，温补阳气，就显得更为重要。

（1）孩子养阳，一定要温养。

由于孩子稚嫩的体质特点，需要温和平缓地补益，家长千万不要过于心急，大补大益，以免揠苗助长，产生副作用。

我们经常说"扶阳"，指的是稍微给点帮扶，让孩子身体里的阳气流通起来，就能调动身体机能，萌发阳气，健康成长。

（2）孩子温阳的一些要点。

①忌食寒凉。炎夏，对于清热的汤水，家长一定要控制，不可过量，不可天天饮用。生冷食物和苦寒药物最为损阳，要尽量避免。

②子午觉睡补。"药补不如食补，食补不如睡补"。让孩子在子时和午时

进入深度睡眠，是很多家长都忽视的养阳滋阴小秘技。顺应天时的睡眠可以帮助孩子养阴养阳，而且往往能达到事半功倍的效果。睡好子午觉的孩子，抵抗力比一般的孩子都要好得多。

子时（23点至次日1点）和午时（11点至13点）分别是阳气初生和阴气初生的时间段，不论阴气和阳气，在初生时都很微弱，这跟孩子的体质特点是一致的，孩子稚阴稚阳，初生的阳气和阴气既非常稚嫩不成熟，又是生机勃发的。如果这时候得到很好的保护，它就可以很好地发展；如果在生发的时候就消耗它，那么它就会更加弱小和不足了。

此外，家长最怕孩子夏季上火，午睡不仅可以养阳，还可以降心火。孩子午睡时间以1～2小时为佳，不宜过长。

③食疗食补。如果方法得当，食疗食补的效果最显著。食补的前提是消化好，不损伤脾的功能。脾阳强，孩子的整个阳气都会流通旺盛起来。所以，助消化和健脾要贯穿四季，只有在这个基础上，才能达到帮孩子温补阳气的效果。

专家推荐食疗方

糯米红糖红枣粥

材料：糯米30克，去核红枣2枚，红糖适量。

做法：糯米、红枣加清水1000毫升，大火煮开后转文火再煎1小时，放入红糖。分次服用。

功效：补中益气、健脾养胃。

专家提示：孩子无病痛、消化好的时候食用。不适合1岁以下孩子。

3.健脾

脾是孩子抵抗力的根本。健脾，是贯穿孩子四季的调护重点。四季脾旺不受邪，孩子"脾常不足"，天生脾的功能就比较薄弱。脾最为喜燥恶湿，到了盛夏，暑湿伤脾，脾系最弱，脾土生肺金，脾弱了，肺系的功能也就薄弱了，所以夏季是孩子呼吸道疾病的多发季节。

孩子要养好脾，首要在于保证日常消化的良好，不给脾胃过多的负担，预防积食，及时消食导滞，家长一定要做好两点。

（1）控制饮食。日常饮食中不宜过

度补充营养，不宜过饱，否则孩子很容易积食。一旦出现积食的迹象，就要控制饮食，少量多餐，减少脾胃的负担。

（2）忌食寒凉。对于脾气虚的孩子，家长千万不能给孩子喝凉茶。冰激凌、冷饮、碎碎冰等温度低的食物，也要少吃，最好不吃。

在日常饮食中，可适当增加补脾益气的食材，如红枣、薏米、扁豆、小米、山药等。另外，家长也可选用对孩子健脾最好的两味药，白术和太子参来调养孩子的脾胃。

专家推荐食疗方

白术陈皮汤

材料： 白术15克，陈皮1克，山药10克，太子参5克，谷芽5克。

用法用量： 煲汤或煎水服用。

注意： 孩子补脾食疗要在消化好的情况下食用，1岁以内的孩子要在医生指导下服用。

⊙ 长夏给孩子食补的小技巧

中医认为，一年不是有四季，而是有五季：春、夏、长夏、秋、冬。五行学说有木、火、土、金、水五行，中医学中配之以肝、心、脾、肺、肾五脏，时节中配之以春、夏、长夏、秋、冬五季。简单地说，农历六月就是长夏时节。"脾主长夏"，此时自然对脾的影响最大。长夏属土，人体五脏中的脾也属土，所以，长夏是护脾、健脾、治脾的重要时期。

"长夏主化"，包括熟化、消化。这个时节如果能顾护好脾，是人体脾胃消化、吸收营养的大好时期。但是孩子"脾常不足"，加上这个时节湿气重，孩子很容易就会积食。要想避免积食，重点就在于选择好饮食方式和食物。

"好消化"的方法在于：吃温、吃少、吃软，也就是说，不要让孩子吃生冷食物，不要一下子吃太多，要吃软烂的食物。

好消化又健脾的食补小技巧，那就是喝粥。

粥，也称糜，是把稻米、小米或豆类等粮食煮至稠糊。米汤是大米的精华，有补中益气、健脾养胃、调和五脏的功效，自古就是一道常用的食谱。但太过普通而不被大家重视。事实上，历史上的名医大家对粥的评价极高。李时珍认为"粥极柔腻，与肠胃相得，最为饮食之妙诀也"。陆游诗曰"我得宛丘平易法，只将食粥致神仙"，更给予了粥"成仙之法"的评价。

粥能补益阴液、生发胃津，所以我们常说，喝粥最是养人。喝粥对孩子更是如此。

（1）粥好消化。

食物煮至熟烂，会减轻脾胃的负担。相比汤水，浓稠一些的粥更能增强肠胃蠕动，促进消化。

（2）粥能够发挥食疗的功效。

好消化，营养物质才能被吸收，用一些补益的食材、药材一起熬粥，功效更明显。对于1岁内开始添加辅食的孩子，健脾补气时，熬食疗粥、喝米汤、不吃渣，是比较好的方式。

要注意的是：食粥虽好，但却不能让孩子餐餐吃粥，特别是大一些的孩子。粥属流食，在营养上与同等量的米饭相比要差一点，同时，粥不顶饱，孩子会很容易饿。如果餐餐吃粥，很容易导致营养不良。

除此之外，夏季炎热，冰粥虽然清凉解暑，却容易导致脾胃虚寒，并不适合让孩子多吃。

专家推荐食疗方1

红枣花生莲子粥

材料： 去核红枣2枚，花生10粒，莲子5粒，大米50克。

做法： 加清水800毫升煲粥，加少量精盐或冰糖调味。1岁内已开始添加辅食的孩子，喝汤不吃渣（不加盐）。

功效： 补血益气，养心安神。

专家推荐食疗方2

白果山药红糖粥

材料： 白果8个，新鲜山药20克，红糖5克，大米30克。

做法： 白果去壳去膜，清水浸泡30分钟。加清水600毫升煲粥。加红糖调味。1岁内已开始添加辅食的孩子，喝汤不吃渣。

功效： 消暑祛湿，健脾敛肺。

⊙ 中暑，重在"防寒"

　　许多家长以为，中暑是由于太热而引起的发烧生病。但现在四处都有空调冷气，孩子中暑的概率不大，因此对中暑不像对手足口、流感等那么重视。实际上，这种做法大错特错！

　　正因为现在冷气多、冷饮多、冷食多，孩子中暑的概率反而更大了。每年进入小暑之后，孩子中暑现象比比皆是。有些孩子轻微中暑，家长以为是普通感冒，并不十分在意，如果处理不当，后果有可能很严重。

　　你真的了解中暑吗？

　　中医对中暑的解释很全面。中医把中暑分为阳暑和阴暑，认为不仅高温环境会导致中暑，炎夏里的寒气、冷气更容易导致中暑。在实际临床中，后者更

为多见。

　　夏天长时间的户外活动导致的中暑，就是中医认为的阳暑，也叫中热。中阳暑的孩子，会出现头痛、高烧、皮肤发烫、多汗的症状，孩子精神萎靡，没有力气，全身发软。中阳暑是阳证，要用凉药解。主要是因为气温太热，伤了肺气，要用清热解暑的凉药。

　　阴暑又是什么呢？我们先来看两个场景：孩子在户外运动后，跑到空调房，特别是商场、游乐场等冷气特别大的地方；孩子汗流浃背，马上冲冷水澡降温，或者喝冷饮、吃雪糕、食饮冰冷的水果凉茶等。这都是常见的中阴暑的原因。

　　炎夏被寒气、冷气侵袭所出现的中暑现象，就是中阴暑。夏季气候很热，人体的毛孔都处于打开的状态，阳气发散，跑到体表，体内阳气虚。这时候，被寒气、湿气、冷食、冷饮侵袭，突然降温会引致皮肤毛孔收缩、身体难以散热，就会出现中阴暑的情况。

　　中阴暑的孩子，会出现头痛、怕冷、四肢酸痛等症状。通常孩子身体发烫，但不出汗。中阴暑是阴证，要用热药解，用热药来发散，最常见的药就是少含酒精的藿香正气口服液。

1.防止孩子中暑，家长要做好这几件事

（1）顾护孩子脾胃，戒冷食。脾胃功能弱，脾阳不足的孩子最容易中阴暑。顾护孩子脾胃，首先要戒食冷饮冷食，不要过度喝凉茶，不要天天喝清热解暑的汤。

（2）不要给孩子加过多的衣服，特别是小宝宝。在空调房时比大人多一件即可。很多时候，家长怕孩子吹空调着凉，给孩子穿太多，反而会让孩子因过热而中暑。

（3）控制户外活动。进入三伏天，上蒸下煮，即便到了傍晚，太阳落山，地面一样热气蒸腾。特别要提醒的是，在婴儿车里的小宝宝是最容易被地面的暑热熏蒸，导致暑邪乘虚侵袭而发病的。

2.孩子中暑，家长如何紧急处理

中暑最典型的表现是高热，孩子体温飙升到39℃甚至40℃。皮肤摸上去很烫，但不出汗。或者是突然大量冷汗之后无汗。孩子的精神通常都很萎靡、昏沉，头痛。

如果孩子已经中暑，家长要懂得紧急应对，做好以下几点。

（1）少量多次喂水，每隔1小时喂孩子喝几口水。注意不能让孩子大量喝水，这样反而会让孩子排汗亢进而更虚弱，严重者会出现脱水或热痉挛的症状。不清醒的时候不喂。

（2）用冷毛巾敷额头、泡温水浴或服用退烧药，帮助孩子退烧。如果孩子高热昏迷，要马上送医院就诊。

（3）如果是中阳暑，比如孩子脸很红、汗多等症状，可以给孩子喝绿豆薄荷冰糖水、吃西瓜解暑解热。西瓜号称"夏天的白虎汤"，但注意不要过量。

（4）如果是中阴暑，比如孩子怕冷、四肢酸痛等症状，可以给孩子喝绿豆陈皮红糖水。最简单有效的方法就是服用藿香正气口服液（不含酒精）。

时常困扰家长的几个饮食难题

⊙ 西瓜寒凉，孩子应该怎么吃

西瓜甘甜解暑，特别受大人小孩的喜爱。但是西瓜寒凉，我经常跟家长说孩子不能吃寒凉的东西。那么夏天究竟可不可以给孩子吃西瓜呢？当然是可以的，只是怎么吃，家长要注意。

家长会发现，这个时候，孩子在盛夏总是说口渴，最想喝冷饮，其实这是暑邪入侵的结果。孩子流汗过多就会损伤津液，津液不够自然就觉得口渴，想喝水，特别是想喝冷水、吃冰激凌来降温解渴。

高温天气，心火过旺，人很容易情绪焦躁，引发各种疾病。特别是孩子，稍微休息不足，情绪就会有所反应。因此，到了盛夏，家长就要有意识地帮孩子平心火、生津液、解暑热。

西瓜味甘性寒，入心、肝、肺三经，有清热除烦、解暑生津、利尿的功效。它富含90%以上的水分，清甜可口，缓解暑热伤津的效果立竿见影。俗语说"热天半块瓜，药剂不用抓"。西瓜素有"天然白虎汤"的美誉，可见其清热去火的功效。

夏季给孩子吃西瓜，家长要注意以下三点。

1.适温吃，不吃冰镇西瓜

西瓜本就寒凉，冰镇则寒上加寒，既加重了胃肠的负担，又伤害到胃肠的功能，还会损耗孩子的阳气。吃冰镇西瓜，不仅伤害脾胃，进而还会伤害到肺，有过敏性咳嗽的孩子，就更要少吃了。可以把西瓜放在水里泡一泡，适度降温即可。

2.适量吃，一次不宜吃多

性寒过凉肯定会伤脾胃。此外，西瓜肉的糖分太高，孩子也不适合一次吃太多。1周1次，每次都要适量。

3.适时吃，饭前饭后不能吃

西瓜富含的大量水分会稀释胃液，降低消化功能。因此，饭前吃西瓜会影响正常的正餐进餐，饭后吃则会对脾胃造成过大的负担，故不提倡饭前、饭后食用西瓜。两餐之间最好。

提到西瓜，其实经常被大家遗忘的西瓜皮也有很高的食疗价值。西瓜皮也叫翠衣，是一味中药，既营养又美味。它最大的特点是不含糖分，但功效与西瓜肉几乎一致，同样能够解暑、生津、平心火。不仅可以入药，还能做菜吃。用西瓜皮慢火炒成菜，既能改变其性味，也会减少一些寒凉之气。

⊙ "热气"水果能不能给孩子吃

一到夏天，很多家长就会问：像菠萝、杧果这些"热气"水果，能给孩子吃吗？

中医普遍认为，夏季养生的关键在于清热解毒。所以，夏天大家会吃很多"下火"的蔬果，如西瓜、苦瓜等。这对成年人来说当然是没有问题的，但由于孩子体质特点不同，养护的重点就不一样。

孩子最典型的体质是"三不足，两有余"，脾、肺、肾不足，心、肝有余。孩子一生下来，脾、肺、肾的功能是不足的，而心、肝的功能相对就要好很多。到了夏季，心火更旺，脾肺则更是不足。脾肺相依，肺气受制脾气亦虚。所以，夏天孩子的肺功能越差，脾的功能就越弱，导致孩子经常没胃口，容易生病，尤其是消化系统、呼吸系统方面的疾病。

因此，夏天家长不能过于频繁地给孩子吃西瓜等寒凉解热的水果和凉茶，不能一味地清热解毒，同时也要注意温补脾、肺。孩子消化良好的时候，适量的"热气"水果不仅有助于温补脾胃，还能平衡夏季过于清热寒凉的饮食结构。一旦发现孩子有舌苔厚腻、大便不正常、睡眠不好、口气重等症状，吃水果就不可过量、过寒。

孩子消化好的时候，家长可以给孩子吃以下这些水果，只需好好地观察孩子消化情况，控制好食量即可。

龙眼。性温，补脾益胃、养血安神。可用于脾胃虚弱、食欲不振，或气血不足、体虚乏力、心脾血虚等病的食疗水果。

荔枝。性温，生津止渴、补脾益血。可改善孩子胃阳不足、口渴咽干、脾虚少食或腹泻、血虚心悸等。

荔果。性温，益胃生津，止咳止呕。可改善孩子胃阴不足、口渴咽干或胃气虚弱等。

菠萝。性平，生津止渴、助消化。可改善孩子积滞所致之腹泻、消化不良，胃阴不足之口干烦渴等。

⊙ 拒绝冷饮，喝什么能解暑

夏天到了，我不建议大家喝冷饮，更不建议让孩子多喝凉茶。家长可能纳闷，那孩子可以喝什么呢？到了盛夏，为了给孩子解暑，许多家长会煲凉茶、冬瓜汤、绿豆汤，给孩子吃西瓜。但孩子本为虚寒之体，天天清热，天天喝凉茶，身体就会更加虚寒了。但是时节特点又需要消暑解热，因此，家长在给孩子喝时要注意，不要选择单一寒凉的食材或药材，要辅以性温、性平的食材药材中和使用。

夏季给孩子解暑，为大家推荐以下几款适合的饮品。

红糖姜茶

功效：驱寒温阳、开胃健脾、温补气血。孩子空调吹多、吹久时，给他喝杯红糖姜茶，可以温胃散寒，驱赶体内寒气。

用法：生姜5克，红糖5克。开水泡10分钟，放温，分次服用。1周1次。

注意：生病的孩子不喝；有喉咙痛，浑身酸痛，感冒发烧的孩子不喝；孩子消化状态不好的时候不喝；3岁内孩子不喝。

酸梅汤

功效：乌梅生津消暑、敛肺涩肠；麦冬滋阴益气、清心除烦；陈皮理气健脾、燥湿化痰。

用法：乌梅1颗，麦冬10克，陈皮1克，冰糖适量。乌梅、麦冬、陈皮放入砂锅，加入适量水，大火煮开后慢火熬煮30~40分钟，放入冰糖，凉化后饮用。每周1~2次。

注意：不可冰镇；1岁以下孩子不喝。

金橘柠檬饮

功效：金橘性温，有生津、止咳化痰、理气解郁的功效；柠檬性平，归胃、肺经，有化痰止咳，生津健胃之效，常用于支气管炎、百日咳、食欲不振、中暑烦渴。二者结合，能够帮孩子消积醒胃，对经常咳嗽的孩子，也有很好的帮助。

用法：洗净的金橘2个，柠檬1片，清水200毫升，蜂蜜约10毫升。金橘和柠檬加水煮开后加入蜂蜜。分次服用，1周2次。

注意：1岁以内婴儿不用蜂蜜，改用冰糖适量。

红枣红茶

功效：红茶性温，可以帮助胃肠消化、促进食欲，可利湿、强壮心脏。红枣也是性温，可以补中益气、养血安神。

用法：红枣1枚，红茶1克，冰糖适量。开水60~80毫升冲泡，放温，分次服用。泡前红枣要洗净，红茶先用开水滤洗一遍。3~5天喝1次。

注意：生病的孩子不喝；有喉咙痛，浑身酸痛，感冒发烧的孩子不喝；孩子消化状态不好时不喝；3岁内孩子不喝。

⊙ 中医为什么提倡"冬病夏治"

　　我们经常听到"冬病夏治"，很多家长可能不太了解个中缘由，今天就跟大家简单说一说中医理论为什么主张冬病夏治。

　　冬主阴，一些虚寒性疾病到了冬季就容易发作。虽然发作的季节是在秋冬，但是病因是由于阳气弱，体质差。阳气是生命的根本，"阳气者，若天与日，失其所，则折寿而不彰。"阳气不足，就没有办法抵抗外邪，容易生病。孩子天生阳气稚嫩、不充沛、不健旺，比成年人更容易生病，且反复。或者有慢性病，比如有过敏性疾病的孩子，也是由于体虚、正气不足所引起的。

　　温阳补气的契机，在长夏。

　　大自然中的一切阳气都来自太阳散发的热量，随季节升、浮、降、沉循环。春生、夏浮、长夏长、秋收、冬藏，到了长夏，就进入了一年中大自然阳气最旺盛的时候。也就是说，天地在这个季节提供了最有利于人体补充阳气的环境。

　　此时，万物升阳，阳气蒸腾浮越在天空，人体的阳气也都发散到体表，体内的阳气就更虚了。就如容器空了才能往内注入新的能量，此时，人体自身也提供了填充阳气的空间。

　　"伏"，即长夏，是全年中天气最热、气温最高、阳气最盛的时候。这个时候，人体腠理疏松，经络气血流通，温补填充阳气最为高效。

　　总的来说，环境、内因、方法都具备了在天地阳气最为旺盛、人体阳气最为空虚的时候，温阳补气，就能保证秋天有充足的阳气敛降，冬天有足够的阳气潜藏。人体内有了充足的阳气，实现了阴平阳秘，就不会生病，或减轻原有的病甚至痊愈。这就是冬病夏治的原理，也是中医"治未病"思想的具体体现。

　　冬病夏治，可以采用给孩子贴三伏贴的方法，用灸的热力，在相应的穴位上，打开人身穴道的门户，经皮肤贴敷补入阳热之药，充盈阳气，最为事半功倍。

Chapter **2**

营养、天然的
夏季时令保健食谱

19
千卡/100克

芦笋

- 别名: 南荻笋，荻笋，露笋。
- 性味: 性凉，味苦、甘。
- 归经: 归肺经。

芦笋在西方被誉为"十大名菜之一"，是一种高档而名贵的蔬菜。现代营养学分析，芦笋的蛋白质组成具有人体所必需的各种氨基酸，它的蛋白质含量高于其他水果和蔬菜，同时还含有多种无机盐，可以调节身体的机能，提高身体的免疫力，对孩子的生长发育非常有利。芦笋富含维生素与纤维素，能解除油腻，帮助肠道蠕动，缓解便秘，促进排便。另外，芦笋还含有非常丰富的叶酸，叶酸可以促进孩子的发育，特别是大脑的发育。夏季食用能清凉降火、消暑止渴。

饮食宜忌: 芦笋中含大量的嘌呤。嘌呤含量过多会引起人体的代谢障碍，因此脾胃不好的孩子不适合吃太多芦笋。

选购保存

挑选芦笋时要看以下几点：一看粗细。新鲜成熟的芦笋底部直径大约在1厘米左右。二看长短。长度在12厘米左右的芦笋鲜嫩程度比较好，口感相对较好。三看弹性。用手轻掐芦笋的根部，如果容易将表皮掐破且有水分，说明芦笋的新鲜程度较好。四看花头。应该选择芦笋上方的花苞没有张开的，鲜嫩程度相对好一些。

芦笋应该趁鲜食用，不宜久藏。

营养成分

含有丰富的维生素B、维生素A，以及叶酸、硒、铁、锰、锌等微量元素。芦笋具有人体所必需的各种氨基酸。

芦笋葡萄柚汁

食材准备

芦笋...........................2根

葡萄柚 ....半个

陈皮...........................1克

小贴士

如果芦笋上有老筋，说明外皮较硬，应去掉，以免影响口感。

制作方法

1 将洗净的芦笋切小段；将葡萄柚切瓣，去皮，再切块。

2 将切好的葡萄柚和芦笋放入榨汁机中，注入80毫升凉开水，榨取蔬果汁。

3 断电后将蔬果汁倒入杯中即可。

食材准备

芦笋.......................................100克
冬瓜肉..................................140克
高汤.................................180毫升
盐...2克
食用油...................................适量

制作方法

1 将洗好去皮的冬瓜肉切成条形，将
   洗净的芦笋切成长段。

2 用食用油起锅，倒入芦笋，放入冬
   瓜肉，炒匀，倒入高汤，加盐炒匀
   调味。

3 盖上盖，烧开后用小火续煮10分钟
   即可。

 小贴士

　　如果芦笋的根部较老，可以将表皮剥去再炒制，
口感会更好。

圣女果芦笋鸡柳

食材准备

芦笋..100克

鸡胸肉 220克

圣女果 40克

葱段..少许

盐 3克

水淀粉、食用油.....................各适量

制作方法

1 将芦笋用斜刀切成段，圣女果对半切开，鸡胸肉切成条。

2 将鸡肉条装入碗中，加入少许盐、水淀粉，搅拌一会儿，再腌10分钟，待用。

3 锅内放食用油烧热，放入腌好的鸡肉条，轻轻搅动使鸡肉条散开，再放入芦笋段，用小火略炸一会儿，至食材断生后捞出，沥干油，待用。

4 锅底留油，放入葱段，爆香，倒入炸好的食材，用大火快炒，放入切好的圣女果，翻炒均匀，加入少许盐，炒匀，再用水淀粉勾芡即可。

小贴士

　　炸芦笋时不宜用大火，以免将其炸老了，影响口感。

24
千卡/100克

丝瓜

- 别名：布瓜、绵瓜、絮瓜、天丝瓜、倒阳菜。
- 性味：性凉，味甘。
- 归经：归肝、胃经。

中医认为，丝瓜性凉，味甘，食用后有清热凉血、化痰解毒的功效。适合热病期间的身热烦渴，炎热夏季的燥热口干者食用。丝瓜含有淀粉、钙、磷、铁、蛋白质、胡萝卜素、维生素C等营养元素，夏天多吃丝瓜可以起到清热消暑、化痰解渴、凉血解毒、利尿止血、通经活络的功效。丝瓜中含有干扰素诱生剂，能刺激人体产生干扰素，并且丝瓜中维生素C和植物蛋白质的含量也较高，促进人体内免疫球蛋白的合成，增强人体的免疫功能。丝瓜所含的维生素B还有利于孩子大脑发育，非常适合儿童食用。

饮食宜忌：丝瓜性寒，具有滑肠制泻的作用，脾胃虚寒的孩子要慎吃。

选购保存

选购丝瓜有以下几个小技巧：一挑形状。要挑选外形均匀的丝瓜。二看表皮。应挑选表皮无腐烂、无破损的丝瓜。三观纹理。新鲜较嫩的丝瓜纹理细小均匀。四看色泽。新鲜的丝瓜颜色为嫩绿色，有光泽。

若买回的丝瓜一次未吃完，可放在盛有凉水的盆里，让丝瓜漂浮在水中。在水中可存放1周左右，但要注意每天换水。

营养成分

含蛋白质、脂肪、碳水化合物、钾、钙、磷、铁、镁、钠，以及维生素B_1、维生素C、胡萝卜素、维生素A、叶酸、膳食纤维，还有皂甙、植物黏液、木糖胶、丝瓜苦味质、瓜氨酸等。

丝瓜炒山药

食材准备

丝瓜.........................120克

山药.........................100克

枸杞.........................10克

蒜末、葱段...............各少许

盐 3克

水淀粉 5毫升

食用油 .... 适量

制作方法

1 将洗净的丝瓜切成小块，洗好去皮的山药切成片。

2 锅中注入适量清水烧开，加入少许食用油、盐，倒入山药，搅匀。撒上洗净的枸杞，略煮片刻，再倒入切好的丝瓜，搅拌均匀。煮约半分钟，至食材断生后捞出，沥干水分，待用。

3 用食用油起锅，放入蒜末、葱段，爆香，再倒入焯过水的食材，翻炒均匀，加入少许盐，炒匀调味。最后淋入适量水淀粉，快速翻炒片刻即可。

丝瓜瘦肉粥

食材准备

丝瓜...45克

猪瘦肉 60克

水发大米..................................100克

盐 2克

制作方法

1 将去皮洗净的丝瓜切成粒，洗好的
  猪瘦肉剁成肉末。

2 砂锅中注入清水烧开，倒入水发大
  米，拌匀，盖上盖，用小火煮30分
  钟至大米熟烂。

3 揭盖，放入肉末，拌匀。放入切好
  的丝瓜，拌匀煮沸，加入适量盐，
  拌匀调味，煮沸即可。

小贴士

　　外形完整、无虫蛀、无破损的新鲜丝瓜，食用时
口感会更好。

丝瓜豆腐汤

食材准备

豆腐	150克
去皮丝瓜	60克
姜丝、葱花	各少许
盐	1克
陈醋	5毫升

制作方法

1 将洗净的丝瓜切厚片，洗好的豆腐切成块。

2 锅中注入适量清水，倒入备好的姜丝，煮沸。

3 放入豆腐块、丝瓜，煮至沸腾。

4 加入盐、陈醋，拌匀，煮约6分钟至食材熟透即可。

 小贴士

豆腐用淡盐水浸泡10分钟后再烹煮，既可除去豆腥味，又能使豆腐不易碎。

19
千卡/100克

西红柿

- 别名：番茄、番李子、洋柿子、毛蜡果。
- 性味：性凉，味甘、酸。
- 归经：归肺、肝、胃经。

营养成分

富含有机碱、番茄碱、维生素A、维生素B、维生素C，以及钙、镁、钾、钠、磷、铁等矿物质。

食用价值

西红柿是夏季时令蔬菜之一，营养丰富，具有特殊风味。中医认为，西红柿性凉，味甘、酸，有清热生津、养阴凉血的功效，对发热烦渴、口干舌燥、胃热口苦、虚火上升有较好的治疗效果，很适合夏天食用。西红柿所含的维生素A原，在人体内可以转化为维生素A，能促进骨骼生长。西红柿富含多种维生素和矿物元素，其味道酸甜，能帮助孩子开胃和补充营养。据统计，进食西红柿可提高孩子的免疫力，并降低孩子因严重腹泻而导致死亡的概率。

饮食宜忌： 西红柿属于性寒的食物，对于本身脾胃虚寒的人，不宜吃西红柿，会导致脾胃虚寒加重。

选购保存

挑选西红柿要试手感、看果蒂。宜挑选外形圆润的西红柿，有棱或者果实布满斑点的西红柿尽量不要选择；用手轻捏西红柿，皮薄有弹性，果实结实的说明西红柿新鲜度和成熟度都较好。观察西红柿底部的圆圈（果蒂），圆圈较小的西红柿水分高，果肉紧实饱满。

将西红柿的蒂朝下摆放在室温下，能保存大概1周左右，这样既能防止空气进入西红柿，也能防止西红柿中的水分从蒂部散发。

扫一扫
美味跟着学

食材准备

西红柿	130克
鸡蛋	1个
小葱	10克
大蒜	10克
盐	2克
食用油	适量

制作方法

1 将去皮洗净的大蒜切片，洗净的小葱切末，洗净的西红柿切小块，鸡蛋打入碗中搅散，待用。

2 锅中放入适量的食用油，烧热，倒入鸡蛋液，用锅铲搅散，翻炒匀，关小火，翻炒至熟，盛入碗中。

3 锅中注入适量食用油，倒入蒜片爆香，倒入西红柿块炒出汁，再倒入鸡蛋炒匀，加入盐，迅速翻炒至入味。

4 关火后盛出炒好的食材，撒上葱花即可。

西红柿鸡蛋河粉

西红柿 100克

河粉.....................................400克

鸡蛋...1个

葱花.......................................少许

盐 2克

食用油 ....适量

制作方法

1 将洗净的西红柿用横刀切片。

2 锅中注入清水烧开，倒入河粉，煮
  至熟软后盛出备用。

3 用食用油起锅，打入鸡蛋，煎至成
  型。倒入西红柿，注入适量清水，加
  入盐，拌匀，稍煮片刻至其入味。

4 关火后将煮好的西红柿鸡蛋汤盛入
  装有河粉的碗中，撒上葱花即可。

小贴士

　　也可以把西红柿切成丁，河粉切成小段，更适合
1~2岁的小孩食用。

食材准备

西红柿 130克

制作方法

1 锅中注入清水烧开，放入洗净的西红柿，关火后浸泡一会儿，至表皮皱裂，放入凉开水中。

2 西红柿放凉后剥去表皮，再把果肉切成小块。

3 取榨汁机，倒入切好的西红柿，注入适量纯净水，榨取西红柿汁即可。

烫焯的时间不宜太久，以免果汁的口感变差。西红柿汁性凉，不能多饮。

15
千卡/100克

生菜

- 别名：叶用莴笋、鹅仔菜、莴
仔菜。
- 性味：性凉，味甘。
- 归经：归心、肝、胃经。

中医认为，生菜味甘、性凉，具有清热爽神、清肝利胆、养胃的功效。生菜中含有钙、铁、铜等矿物质，其中钙是宝宝骨骼和牙齿发育的主要物质，还可防治佝偻病；铁和铜还能促进血色素的合成，刺激红细胞发育，防止宝宝食欲不振、贫血，促进生长发育。生菜中富含B族维生素和维生素C、维生素E等，此外还富含膳食纤维及多种矿物质，对人体的消化系统大有裨益，可以增强孩子的免疫力。生菜中含有丰富的膳食纤维，可以促进胃肠道的血液循环，对于脂肪、蛋白质等大分子物质，能够起到帮助消化的作用，强化胃肠道功能，还能防止儿童便秘。

> **饮食宜忌：**生菜性质寒凉，尿频、胃寒的儿童不宜吃生菜。

营养成分

含糖类、蛋白质、膳食纤维、莴苣素、胡萝卜素和丰富的矿物质，尤以维生素A、维生素C、维生素E、钙、磷的含量较高。

选购保存

挑选生菜时，除了要看菜叶的颜色是否青绿外，还要注意茎部。茎色带白的才够新鲜。越好的生菜叶子越脆，用手掐一下叶子就能感觉得到。不新鲜的生菜会因为空气氧化的作用而像生了锈斑，而新鲜的生菜则不会如此。

保存时应把生菜表面的水风干，再用干净纸巾将生菜包裹好，装进保鲜袋放入冰箱保存。

香菇扒生菜

食材准备

生菜..........................400克

香菇..............................70克

彩椒..........................50克

盐................................3克

蚝油、老抽、生抽、
水淀粉、食用油........各适量

制作方法

1. 将洗净的生菜对半切开，洗好的香菇切成小块，洗净的彩椒切成丝。

2. 生菜和香菇分别放入沸水锅中焯烫片刻，捞出，沥干水分，生菜摆盘待用。

3. 用食用油起锅，倒入少许清水，放入香菇，加入盐、蚝油，淋入适量生抽，炒匀。略煮一会儿，待汤汁沸腾，加入少许老抽，炒匀上色。

4. 再倒入适量水淀粉，快速翻炒至汤汁收浓，关火，淋在生菜上，再撒上彩椒丝即可。

黄瓜生菜沙拉

食材准备

黄瓜............................85克
生菜...........................120克
盐 1克
沙拉酱、橄榄油.................各适量

制作方法

1 将洗好的生菜切成丝，洗净的黄瓜切成丝。

2 将黄瓜丝、生菜丝装入碗中，放入盐、橄榄油，搅拌均匀。

3 将拌好的食材装入盘中，淋上适量沙拉酱即可。

 小贴士

切好的食材可以再次挤干水分，口感会更好。

生菜鸡蛋面

食材准备

面条............................120克
鸡蛋..............................1个
生菜.............................65克
葱花.............................少许
盐...............................2克
食用油...........................适量

制作方法

1 将鸡蛋打入碗中，搅散，制成蛋液。

2 用食用油起锅，倒入鸡蛋液，摊薄至蛋皮状，盛出，待用。

3 锅中注入清水烧开，放入面条，加入盐，拌匀，盖上盖，用中火煮约2分钟。揭盖，加入少许食用油，放入蛋皮，拌匀，放入洗好的生菜煮至变软。

4 关火后盛出煮好的面条，装入碗中，撒上葱花即可。

小贴士

鸡蛋不宜炒太久，以免影响口感。

21
千卡/100克

茄子

- **别名**：茄瓜、白茄、紫茄、昆仑瓜、落苏矮瓜。
- **性味**：性凉，味甘。
- **归经**：归脾、胃、大肠经。

营养成分

含蛋白质、维生素A、B族维生素、维生素C、维生素P、脂肪、糖类，以及钙、磷、铁等多种矿物质，还含有多种生物碱。

食用价值

中医认为，茄子味甘、性凉，入脾、胃、大肠经，具有清热止血、消肿止痛的功效，尤其适合长痱子、生疮疖的人食用。茄子是夏秋季节的时鲜蔬菜，是为数不多的紫色蔬菜之一，营养较丰富，含有蛋白质、脂肪、碳水化合物、维生素，以及钙、磷、铁等多种营养成分。特别是茄子含有较多的膳食纤维，能够促进胃肠蠕动，对防治便秘也十分有益。茄子中含有的皂草甙还可以促进蛋白质、核酸和脂质的合成，从而提高供氧力改善血液流动，达到防止血栓和提高免疫力的功效。另外，茄子还有防治坏血病及促进伤口愈合的功效，适合正处于生长发育期的儿童食用。

饮食宜忌：茄子属凉性食物，消化不良、容易腹泻的儿童不宜多食。

选购保存

茄子以果形均匀周正，老嫩适度，无裂口、腐烂、锈皮、斑点，皮薄、子少、肉厚、细嫩的为佳。

若买回家的茄子一时吃不完，一定不要用水洗后再存放。因为茄子的表皮覆盖着一层蜡质，具有保护茄子的作用，一旦蜡质层被冲刷掉，就容易受微生物侵害而腐烂变质。

茄子稀饭

食材准备

茄子..........................60克

牛肉..........................80克

胡萝卜 50克

洋葱..........................30克

软饭..........................150克

盐 ....少许

生抽..........................2毫升

食用油 ....适量

制作方法

1 将洗好的胡萝卜、洋葱、茄子均切成粒，洗净的牛肉剁成肉末。

2 锅中注入食用油烧热，倒入牛肉末，炒匀。加入少许生抽，炒匀。倒入洋葱、胡萝卜、茄子，拌炒约1分钟至食材熟透，盛出，待用。

3 汤锅中注入清水烧开，倒入软饭，拌匀，煮沸后盖上盖，转小火煮20分钟至其软烂。揭盖，稍加搅拌，倒入炒好的食材，拌匀，煮沸，加入少许盐调味即可。

食材准备

猪肉...30克

茄子.......................................120克

盐、食用油............................各适量

制作方法

1 将洗净的茄子去皮，切成丁，待用。

2 把切好的茄丁装入碗中，中间放入剁碎的猪肉末，均匀地撒上少许盐，再淋上少许食用油，待用。

3 蒸锅加入清水烧开，放入装食材的碗，用中火蒸20分钟至食材熟软即可。

茄子切好后应尽快蒸，否则易变黑。

扫一扫
美味跟着学

粉蒸茄子

食材准备

茄子	350克
五花肉	200克
蒜末、葱花	各少许
盐	2克
料酒	4毫升
生抽	6毫升
芝麻油	4毫升
蒸肉粉	40克
食用油	适量

制作方法

1　将洗净的茄子去皮，切成条。将洗好的猪五花肉切成薄片，装入碗中，加入少许料酒、盐、生抽，撒上蒜末、蒸肉粉，淋入芝麻油，拌匀，腌10分钟，制成肉酱，备用。

2　取一蒸盘，摆上茄条，放上酱料，放入烧开的蒸锅中，盖上盖，用大火蒸10分钟至其熟透。

3　揭盖，取出蒸盘，撒上葱花，浇上少许热油即可。

小贴士

　　茄子易吸油、吸水，蒸之前可多浇点酱汁，这样能防止其蒸干，而且更美味。

19
千卡/100克

苦瓜

- 别名：凉瓜、癞瓜。
- 性味：性寒，味苦。
- 归经：归心、肝、脾、胃经。

营养成分

含胰岛素、蛋白质、脂肪、淀粉、维生素C、食物粗纤维、胡萝卜素、皂苷，以及钙、磷、铁等多种矿物质。

食用价值

苦瓜又名凉瓜，能泄去心中烦热，排除体内毒素，是广受人们喜爱的蔬菜之一。中医认为，苦瓜甘苦寒凉，能清热、除烦、止渴，具有清热消暑、养血益气、补肾健脾、滋肝明目的功效，对痢疾、疮肿、中暑发热、痱子过多、结膜炎等疾病有一定的治疗作用，适合在烦热的夏季食用。苦瓜中的维生素C含量很高，有预防坏血病、保护细胞膜、防止动脉粥样硬化、提高机体应激能力、保护心脏等作用。苦瓜含有皂甙，具有降血糖、降血脂、抗肿瘤、预防骨质疏松、调节内分泌、抗氧化、抗菌及提高人体免疫力等药用和保健功能。

> **饮食宜忌：** 中医认为，小儿为纯阳之体，胃常有余，脾常不足，而苦瓜性寒，若过多食用易伤脾胃。

选购保存

选购苦瓜时，要挑选纹路密而多的，与纹路少的相比，这样的苦瓜味道更加浓厚。建议选择疙瘩颗粒大并且饱满丰厚的苦瓜，这样的苦瓜肉厚；反之则瓜肉较薄。如果苦瓜外形像大米粒并且两头尖尖，瓜身较直，则说明苦瓜的品质比较好。

新鲜苦瓜最好用纸类或保鲜膜包裹储存，这样可以减少苦瓜表面水分流失，并避免柔嫩的苦瓜被擦伤，损及品质。

苦瓜黄豆排骨汤

食材准备

苦瓜.........................200克

排骨.........................300克

水发黄豆...................120克

姜片.............................5克

盐.................................2克

料酒.......................20毫升

制作方法

1 将洗好的苦瓜对半切开，去籽，切成段。洗净的排骨放入沸水锅中焯水后捞出，沥干水分，待用。

2 砂锅中注入适量清水，放入洗净的黄豆，盖上盖，煮至沸腾。揭开盖，倒入排骨，放入姜片，淋入少许料酒，搅匀提鲜。盖上盖，用小火煮40分钟至排骨熟软。

3 揭开盖，放入切好的苦瓜，再盖上盖，用小火煮15分钟。

4 揭盖，加入适量盐，搅拌均匀，再煮1分钟即可。

苦瓜炒鸡蛋

食材准备

苦瓜..................................60克
鸡蛋....................................1个
盐 ....少许
食用油 ....适量

制作方法

1 将苦瓜洗净，对半切开，用勺子挖去籽，切成片，待用。

2 将鸡蛋打入碗中，加入少许盐，用筷子打散调匀。

3 锅中注入适量清水烧开，倒入苦瓜片，汆烫片刻，捞出，沥干水分，待用。

4 用食用油起锅，倒入苦瓜片，翻炒片刻，放入少许盐，炒匀，再倒入蛋液，翻炒至熟即可。

倒入蛋液后要注意控制火候，否则很容易烧糊。

扫一扫
美味跟着学

苦瓜苹果汁

营养、天然的夏季时令保健食谱

食材准备

苹果..................................180克
苦瓜..................................120克
食粉....................................少许
蜂蜜..................................10毫升

制作方法

1 锅中注入清水烧开，撒上少许食粉，放入洗净的苦瓜，煮约半分钟，待苦瓜断生后捞出，沥干水分，晾凉后切成丁。

2 将洗净的苹果切开，去除果核，再把果肉切成小块。

3 取榨汁机，选择搅拌刀座组合，倒入切好的食材，注入少许矿泉水，榨取果蔬汁即可。

小贴士

建议食材切得小块一些，这样能缩短榨汁的时间。
1岁以内不宜饮用。

11

千卡/100克

冬瓜

- 别名：白瓜、白冬瓜、枕瓜。
- 性味：性寒，味甘。
- 归经：归肺、大肠、小肠、膀胱经。

营养成分

含有矿物质、多种维生素、皂苷、脂肪、瓜氨酸、不饱和脂肪酸、油酸等。

食用价值

中医认为冬瓜味甘、性寒，有消热、利水、消肿的功效，尤为适宜夏日服食。冬瓜含钠量较低，对动脉硬化症、肝硬化腹水、冠心病、高血压、肾炎、水肿膨胀等疾病有良好的辅助治疗作用。冬瓜中的粗纤维，能刺激肠道蠕动，使肠道里积存的致癌物质尽快排泄出去。冬瓜所含有的总氨酸、葫芦素可以对肾损伤起到比较好的保护作用。因此，如果每天一杯冬瓜汁，也会对我们的肾脏起到一定的保护作用。冬瓜的瓜肉白，瓜瓤绵软，可以帮助美白皮肤。

饮食宜忌：冬瓜是一种性质偏寒的蔬菜，如果胃寒的人食用，容易导致腹泻。

选购保存

选购冬瓜的几个小技巧：①看外皮。选购冬瓜时首选外皮光滑，没有坑包的。②看颜色。冬瓜有白、绿、墨绿三种颜色，大多数冬瓜是墨绿色的。墨绿色的冬瓜肉质厚口感好，可食率高。③看软硬。质地软的冬瓜肉质松散，口感差，应该选择肉质较硬的冬瓜。

如果买回来的冬瓜吃不完，可用一块比较大的保鲜膜贴在冬瓜的切面上，用手抹平，可保存3～5天。

冬瓜枸杞蒸瘦肉

食材准备

冬瓜............................60克

猪瘦肉末.....................20克

枸杞............................少许

盐 ....少许

食用油 ....适量

扫一扫
美味跟着学

制作方法

1 将洗净去皮的冬瓜切片，待用。

2 把冬瓜片摆入蒸碗中，中间放入猪瘦肉末，再放上洗净的枸杞，待用。

3 蒸锅加清水烧开，放入装食材的蒸碗，均匀地撒上少许盐，淋上少许食用油，用大火蒸10分钟至食材熟透即可。

23
千卡/100克

茭白

- 别名：出隧、绿节、菰菜、茭笋、高笋。
- 性味：性寒，味甘。
- 归经：归肝、脾、肺经。

营养成分

含蛋白质、脂肪、糖类、维生素B_1、维生素B_2、维生素E、胡萝卜素和矿物质等。

食用价值

茭白有"水中人参"之称，营养价值高，味道鲜美。中医认为，茭白甘寒，性滑而利，既能利尿祛水，辅助治疗四肢浮肿、小便不利等症，又能清暑解烦及止渴，因此夏季食用尤为适宜。茭白含有植物蛋白、维生素等物质，且茭白中富含其他植物中少有的多种氨基酸，而氨基酸是人体必须的营养物质之一，能帮助人体吸收和转化蛋白质，促进机体平衡，对于孩子的身体发育有好处。茭白具有祛热降燥、生津止渴、利尿除湿的作用，如果孩子有中暑、腹痛、烦渴、大小便不利等症状，可以用茭白给孩子做些膳食来改善症状。茭白中含有豆醇能清除体内的活性氧，能软化皮肤表面的角质层，使皮肤润滑细腻，能很好地保护孩子细嫩的肌肤。

饮食宜忌： 茭白属于凉性食物，如果孩子体寒或有腹泻等症状，则不宜食用。

选购保存

饱满的白笋水分充足，笋身直、笋皮光滑的白笋肉较嫩；笋身扁瘦、弯曲、形状不完整的则口感较差。另外，顶端笋壳过绿或笋白部分为青绿色的茭白已经老化，口感不佳。

茭白水分极高，若放置过久，会丧失鲜味，最好即买即食。

凉拌茭白

食材准备

茭白..........................200克

彩椒...........................50克

蒜末、葱花...............各少许

盐 3克

陈醋、芝麻油、
食用油 ....各适量

制作方法

1 将洗净去皮的茭白对半切开，切成片。洗好的彩椒切条，再切成块。

2 锅中注入清水烧开，放入少许盐，加入适量食用油，倒入切好的茭白、彩椒，拌匀，煮1分钟至其断生。

3 捞出煮好的食材，沥干水分，装入碗中，加入蒜末、葱花，加入适量盐，淋入陈醋、芝麻油，用筷子搅匀调味即可。

茭白炒鸡蛋

食材准备

茭白	200克
鸡蛋	3个
葱花	少许
盐	3克
水淀粉	5毫升
食用油	适量

制作方法

1 将洗净去皮的茭白对半切开，切成片。鸡蛋打入碗中，加入少许盐，打散调匀。

2 锅中注入清水烧开，加入少许盐、食用油，倒入切好的茭白，煮半分钟至其断生，捞出，沥干水分，待用。

3 用食用油起锅，倒入蛋液，炒熟，盛出。锅底留油，倒入茭白，翻炒片刻，放入盐，炒匀调味。再倒入炒好的鸡蛋，略炒几下，加入葱花，翻炒均匀，淋入适量水淀粉，快速翻炒均匀即可。

小贴士

鸡蛋需要再次入锅，所以第一次不宜炒太久，以免炒得太老影响口感。

茭白烧黄豆

食材准备

茭白	180克
彩椒	45克
煮熟黄豆	200克
蒜末、葱花	各少许
盐	3克
蚝油、水淀粉、芝麻油、食用油	各适量

制作方法

1 将洗净去皮的茭白对半切开，切成丁。洗好的彩椒切条，再切成丁。

2 锅中注入清水烧开，放入少许盐，淋入适量食用油，放入切好的茭白、彩椒，煮1分钟至五成熟，捞出，沥干水分，待用。

3 用食用油起锅，放入蒜末，爆香，倒入焯过水的食材，翻炒均匀。放入适量蚝油、盐，炒匀调味，加入适量清水，用大火收汁。淋入适量水淀粉勾芡，放入少许芝麻油拌炒匀，最后撒入葱花，翻炒均匀即可。

小贴士

加水收汁时要注意翻搅食材，防止糊锅。

22
千卡/100克

南瓜

- 别名：麦瓜、番瓜、倭瓜、金冬瓜。
- 性味：性温，味甘。
- 归经：归脾、胃经。

含蛋白质、淀粉、糖类、胡萝卜素、维生素B$_1$、维生素B$_2$、维生素C和膳食纤维，以及钾、磷、钙、铁、锌等。

食用价值

南瓜中含有丰富的多糖类物质，南瓜多糖是非特异性免疫增强剂，能够促进生成细胞因子，调节免疫系统，提升人体的免疫能力。南瓜中含有丰富的胡萝卜素，而胡萝卜素在人体内能够被转化为维生素A。维生素A对人体而言是很重要的维生素，能够保护视力，促进上皮组织的生长分化，促进骨骼的发育。南瓜中含有丰富的锌，参与人体内核酸、蛋白质的合成，是肾上腺皮质激素的固有成分，为人体生长发育的重要物质。南瓜中含有丰富的微量元素，尤其是钴元素，是所有蔬菜中钴含量最高的。钴元素能够促进人体的新陈代谢，还是胰岛细胞所需要的矿物质，能够促进造血功能，促进维生素B$_{12}$的合成。

饮食宜忌：南瓜性温，食用过多会造成体内湿热。食用须谨慎。

选购保存

挑选南瓜时要注意看外形，表面有损伤、虫害或斑点的不宜选购；有瓜梗连着瓜身的南瓜比较新鲜；挑南瓜和挑冬瓜一样，表面带有白霜更好，这样的南瓜又糯软又甜。

完整的南瓜放入冰箱里一般可以存放2~3个月。切开的南瓜用汤匙掏空后再用保鲜膜包好，放入冰箱冷藏可以存放5~6天。

南瓜拌饭

食材准备

南瓜.........................90克

芥菜叶.....................60克

水发大米.................150克

盐...........................少许

小贴士

烹煮南瓜拌饭时要充分搅拌，以保证成品口感均匀。

制作方法

1 将去皮洗净的南瓜切成粒，洗好的芥菜切成粒。

2 将水发大米倒入碗中，加入适量清水。把切好的南瓜放入另一小碗中。分别将装有大米、南瓜的碗放入烧开的蒸锅中，用中火蒸20分钟至食材熟透，取出，待用。

3 汤锅中注入适量清水烧开，放入芥菜粒，煮沸。放入蒸好的南瓜、米饭，搅拌均匀，加入适量盐，拌匀调味即可。

15
千卡/100克

黄瓜

- 别名：胡瓜、青瓜。
- 性味：性凉，味甘。
- 归经：归肺、胃、大肠经。

营养成分

含蛋白质、钾盐、维生素B₁、维生素C、食物纤维、矿物质、乙醇、丙醇等，并含有多种游离氨基酸。

食用价值

黄瓜以清香多汁著称，能够清热解毒、生津止渴，更能排毒、清肠、养颜，是夏天不可或缺的一种美味食材。黄瓜含相当多的蛋白质及钾盐等，钾盐具有加速血液新陈代谢、排泄体内多余盐分的作用。孩子吃后能促进肌肉组织的生长发育，提高免疫力。黄瓜是一味可以美容的菜蔬，被称为"厨房里的美容剂"，经常食用或贴在皮肤上可有效地减缓皮肤老化，减少皱纹的产生，并可预防唇炎、口角炎。黄瓜还含有丰富的维生素C，能美白肌肤，抑制黑色素的形成。黄瓜含有维生素B₁，可以改善人的大脑和神经系统功能，起到安神、定志、健脑的作用。

饮食宜忌： 黄瓜性凉，胃寒的人不适合食用，容易导致腹泻的现象。

选购保存

挑选黄瓜的技巧：一看瓜条。瓜条直、细长均匀且瓜身短的黄瓜肉质好，口感较好。二看瓜色。瓜鲜绿、有纵棱的是嫩瓜。三看竖纹。好吃的黄瓜一般表皮的竖纹比较突出，用手摸、用眼看都能觉察到。

将每根黄瓜用报纸单独包好，再套上保鲜袋密封好，放入冰箱冷藏，可保存7天。

黄瓜大米粥

食材准备

水发大米 120克

黄瓜 80克

小贴士

　　黄瓜不宜煮太久，以免破坏其营养。最好加入生姜（5克）同煮，避免寒凉。

制作方法

1 将洗净的黄瓜切成碎末，待用。

2 砂锅中注入清水烧开，倒入洗好的水发大米，搅拌均匀，烧开后用小火煮1小时至其熟软。

3 倒入黄瓜碎，搅拌均匀，用小火续煮5分钟后搅拌一会儿即可。

扫一扫
美味跟着学

20
千卡/100克

空心菜

- 别名：蕹菜，藤藤菜、通心菜、无心菜、竹叶菜。
- 性味：性寒，味甘，无毒。
- 归经：归肝、心、大肠、小肠经。

营养成分

含蛋白质、脂肪、糖类、无机盐、烟酸、胡萝卜素、维生素A、维生素B$_1$、维生素B$_2$、维生素C、钙、钾等。

食用价值

中医认为，空心菜味甘，性寒，能清热凉血、利尿除湿，夏季经常吃，可以防暑解热、凉血排毒，防治痢疾。空心菜中含有丰富的胡萝卜素与维生素C，经常食用可以提高人体免疫力，保护和提高肝脏的排毒功能，预防疾病。空心菜中含有的丰富维生素A，能保护眼睛，预防夜盲症。空心菜中的钾元素可以有效利用蛋白质来修复组织，保护中枢神经，减少损害，对缓解焦躁、控制情绪有一定的作用。空心菜含有丰富的钙元素，可以补充钙质，促进骨骼的健康发育，维持新陈代谢和神经系统功能的正常。空心菜里还含有烟酸，烟酸有助于增强记忆力，促进脑部的健康发育，对儿童的脑部发育十分有利。

饮食宜忌： 空心菜是寒性食物，体质较弱的人食用后会出现大便溏泄，脾胃虚寒，因此体质较弱的儿童不宜多食。

选购保存

空心菜的选购方法：一看表面。优质空心菜外表颜色嫩绿，叶子宽大，无黄斑，茎部不太长。二看手感。优质空心菜拿上手感觉有重量，结构比较紧凑，水分充足，而且感觉比较柔软。

买回的空心菜可以用报纸包裹好，再套上多孔塑胶袋，放入冰箱可保存4~5天。

蒜蓉空心菜

食材准备

空心菜 300克
蒜末............................少许
盐 2克
食用油 ....少许

小贴士

翻炒空心菜时可以加入少许清水，这样能使菜梗更易熟透，缩短烹饪时间。

制作方法

1 将洗净的空心菜切成小段，待用。

2 用食用油起锅，放入蒜末，爆香，倒入切好的空心菜，用大火翻炒一会儿，至其变软。

3 转中火，加入少许盐，快速翻炒片刻，至食材入味即可。

空心菜粥

食材准备

空心菜 50克

水发大米 200克

盐 2克

葱花 .... 少量

制作方法

1 将洗好的空心菜切成小段，待用。

2 砂锅中注入清水烧开，倒入洗好的
  水发大米，拌匀，用大火煮开后转
  小火煮40分钟至熟。

3 加入盐，放入空心菜、葱花，拌
  匀，略煮一会儿即可。

煮粥时也可加入少许食用油，口感更佳。

腰果炒空心菜

食材准备

空心菜 100克

腰果 70克

彩椒 15克

蒜末 .... 少许

盐 2克

白糖、水淀粉、食用油 .... 各适量

制作方法

1 将洗净的彩椒切成细丝。将腰果和空心菜分别放入沸水锅中焯煮片刻，捞出，沥干水分，待用。

2 热锅注入食用油，烧至三成热，倒入腰果，用小火炸约6分钟，至其散出香味，捞出，沥干水分，待用。

3 用食用油起锅，倒入蒜末，爆香，倒入彩椒丝，炒匀。放入焯过水的空心菜，转小火，加入少许盐、白糖，炒匀。用水淀粉勾芡。

4 关火后盛出炒好的菜肴，装入盘中，点缀上熟腰果即可。

小贴士

空心菜的根部较硬，应将其切除，以免影响菜肴的口感。

12
千卡/100克

海带

- 别名：昆布、江白菜、纶布、海昆布、海带菜。
- 性味：性寒，味咸。
- 归经：入肝、胃、肾经。

营养成分

富含氨基酸、蛋白质、脂肪、碳水化合物、膳食纤维、钙、磷、铁、胡萝卜素、维生素B_1、维生素B_2、烟酸，以及碘等多种微量元素。

食用价值

中医认为，海带性寒、味咸，入肝、胃、肾三经，能软坚散结、消痰平喘、通行利水、清脂降压。海带所含蛋白质中包括18种氨基酸，富含膳食粗纤维，钙、铁的含量是油菜的几倍乃至十几倍；含藻胶酸、昆布素、甘露醇、海带聚糖、钴、锗等特殊成分，尤其含碘量在食品中独占鳌头，是一种高碳水化合物、高纤维素、高矿物质、中蛋白、低热量、低脂肪的天然保健食品，是补钙补铁的好帮手，还能提高身体免疫力，尤其对正在长身体的孩子来说有很好的作用。碘还是甲状腺合成的主要物质，如果人体缺少碘，就会患"粗脖子病"，即甲状腺机能减退症，俗称"甲亢"。所以，海带是甲状腺机能低下者的最佳食品。

饮食宜忌。 对于甲亢患者来说，应该尽量减少碘摄入，所以不宜吃海带。

选购保存

海带宜挑选肉质厚实、形状宽长、身干燥、色淡黑褐色或深绿色、边缘无碎裂或黄化现象的。购买时还应看其表面是否有白色粉末状附着，海带所含的碘和甘露醇尤其是甘露醇呈白色粉末状附在海带表面，没有任何白色粉末的海带质量较差。

将海带密封后放在通风干燥处，就可以保存很长时间。

食材准备

海带.........................100克
姜片.........................10克
盐..............................2克

小贴士

海带不宜煮得太烂，以免破坏其所含的植物胶质。

制作方法

1 将洗净泡发好的海带切成小块，装入碗中，待用。

2 锅中注入适量清水烧开，放入海带、姜片，搅拌均匀，盖上盖，用小火煮15分钟至海带熟透。

3 揭开盖，加入少许盐，搅拌片刻。

4 关火，将煮好的汤料盛入碗中即可。

扫一扫
美味跟着学

牛肉海带粥

食材准备

牛肉..........................40克

水发海带 30克

大米碎 30克

制作方法

1 将洗净的水发海带切碎，洗好的牛肉切碎。

2 砂锅置火上，注入适量清水，倒入所有食材，拌匀。煮约30分钟至熟即可。

小贴士

煮粥过程中应多搅拌几次，这样煮出的粥更黏稠入味。

25
千卡/100克

西瓜

- 别名：寒瓜、夏瓜。
- 性味：性寒，味甘。
- 归经：归心、胃、膀胱经。

营养成分

含有糖、蛋白质、维生素B_1、维生素B_2、维生素C，以及钙、铁、磷等元素和有机酸。

食用价值

西瓜是夏季消暑佳果，甘甜多汁，清爽解渴，营养丰富，堪称"瓜中之王"，大人小孩都喜欢吃。西瓜含有维生素B_1、维生素C、糖、铁等大量营养元素，夏天吃有增进食欲、消肿利尿的功效。西瓜中含有大量的水分，适合孩子在口渴汗多、烦躁时食用。吃西瓜后尿量会明显增加，这可以减少胆色素的含量，并可使大便通畅。西瓜中的番茄红素是一种超级抗氧化剂，它可以帮助人体细胞免受自由基损害，增强免疫系统功能。

饮食宜忌：西瓜性凉，吃太多容易引起脾胃虚寒，消化不良；西瓜中的水分会冲淡胃液，引起胃肠道抵抗力下降。因此，家长应控制好食量。

选购保存

好的西瓜瓜形端正，瓜皮坚硬饱满，花纹清晰，表皮稍有凹凸不平的波浪纹；瓜蒂、瓜脐紧密，略为缩入，靠地面的瓜皮颜色偏黄。用手指敲击，若发出的声音疲而浊，类似打鼓的"噗噗"声且有震动的传音，说明是成熟的好瓜。

切开的西瓜用保鲜膜完全包裹好放入冰箱冷藏，可以保存3天左右；未切开的西瓜用保鲜膜包住，放在阴凉通风处，可保存15天左右。

西瓜西红柿汁

食材准备

西瓜果肉 120克

西红柿 70克

陈皮............................2克

制作方法

1 将西瓜果肉切成小块，洗净的西红柿切成小瓣，待用。

2 取榨汁机，选择搅拌刀座组合，倒入切好的食材，注入少许纯净水，榨取蔬果汁。

西瓜含有大量的水分，因此不宜加太多水，以免稀释果汁。

食材准备

西瓜......................................200克
莲藕......................................150克
大米......................................200克

制作方法

1 将洗净去皮的莲藕切成小丁，西瓜去皮切成小块待用。

2 砂锅中注入适量清水，倒入洗净的大米，搅匀，煮开后转小火煮40分钟至其熟软。

3 倒入藕丁、西瓜块，用中火煮20分钟即可。

藕丁最好切成大小一致的形状，口感更佳。

80
千卡/100克

生姜

- 别名：姜根、百辣云、姜。
- 性味：性微温，味辛。
- 归经：归肺、脾、胃经。

营养成分

含姜辣素、蛋白质、脂肪、膳食纤维、胡萝卜素、视黄醇、硫胺素、核黄素、烟酸、维生素C，以及钾、钠、钙、镁、铁、锌等多种微量元素。

食用价值

民间有"冬吃萝卜夏吃姜"的保健谚语。中医认为生姜既可以升阳助阳，又具有温中祛寒的功效。夏季适量吃生姜，能够顺应夏季阳气的升发，温胃散寒。姜可以刺激胃黏膜，达到促进肠胃消化，改善胃口，增进食欲的效果。小孩适当食用可以促进消化，改善胃口，振奋食欲，从而增强肠胃的消化功能，还能促进肠胃的健康发育。姜还可以预防感冒，小孩的身体发育未完全，病菌容易入侵，吃姜能有效提高身体免疫力，维持免疫机能的正常，从而抵抗病菌入侵，预防感冒，促进身体的健康发育。姜含有丰富的铁元素，可以补血活血，预防贫血，促进皮肤、毛发、血管的健康发育。

饮食宜忌： 小孩的肠胃功能发育未完全，姜吃多了容易上火，所以家长要注意控制食量。

选购保存

好的生姜表皮粗糙，颜色较暗，用手捏生姜，软说明至少是放置时间过长了，不新鲜了。生了芽的生姜也不要买，虽然生芽的生姜可以吃，但在生芽过程中生姜里的养分会流失很多，味道也变差了。

生姜买回来后，晾晒1～2天，蒸发掉生姜表面的水分，用纸巾包住，再放入冰箱中冷藏即可。

姜汁蒸蛋

(食材准备)

鸡蛋.............................2个
姜汁.............................5克
葱花............................. 少许
盐 2克

 小贴士

倒入热水的水温以
60℃为佳，不宜过高，
以免降低鸡蛋的凝固性。

(制作方法)

1 将鸡蛋打入碗中，放入盐，倒入姜汁，搅散，再倒入
约200毫升热水，搅拌均匀，制成蛋液，倒入蒸碗中。

2 蒸锅上火烧开，放入蒸碗，盖上盖，用小火蒸10分
钟。取出蒸好的鸡蛋羹，趁热撒上葱花即可。

食材准备

生姜片 5克
黄豆..50克
白糖..少许

制作方法

1 将黄豆浸泡8小时，倒入碗中，加入适量清水，搓洗干净后倒入滤网，沥干水分，待用。

2 把黄豆倒入豆浆机中，倒入姜片，加入适量白糖，注入适量清水，开始打浆。待豆浆机运转约15分钟，即成豆浆。

3 把豆浆倒入滤网，滤取豆浆即可。

 小贴士

若孩子无法接受姜味，可适当多加些糖。

068

生姜枸杞粥

食材准备

水发大米 150克

枸杞..20克

姜末..10克

制作方法

1 锅中注入适量清水烧开，倒入洗净的水发大米，拌匀，用大火煮至沸。

2 撒上姜末，盖上盖，烧开后用小火煮约30分钟，至大米熟透。

3 揭盖，倒入洗净的枸杞，搅拌均匀，转中火煮至断生即可。

小贴士

枸杞煮的时间不宜太长，以免破坏其营养。

316
千卡/100克

绿豆

- 别名：青小豆、植豆。
- 性味：性凉，味甘。
- 归经：归心、胃经。

富含蛋白质、不饱和脂肪酸、无机盐、多种维生素、脂肪、碳水化合物，以及蛋氨酸、色氨酸、赖氨酸等球蛋白类，磷脂酰胆碱、磷脂酰乙醇胺、磷脂酸等多种物质。

食用价值

绿豆是夏季清热解毒、止渴消暑的佳品。绿豆含有丰富的营养物质，如不饱和脂肪酸、碳水化合物、无机盐、维生素等，可以补充人体营养元素，强身健体。绿豆含有丰富的蛋白质，孩子吃绿豆，可以补充优质蛋白，提高身体免疫力，增强抵抗力。绿豆含有丰富的磷，能促进神经的兴奋，保持活力，增进孩子的食欲。绿豆含有丰富的钙质，可以为孩子补充钙质，促进骨骼的健康发育。绿豆含有烟酸，能促进孩子脑部和神经系统的健康发育。绿豆还可以清热解毒，所富含的膳食纤维和钾元素，可以滋润肠胃，促进肠胃消化，利于排毒排尿，还可明目，使孩子拥有一个良好的视力。

饮食宜忌：绿豆性凉，体寒、肠胃虚弱易腹泻的孩子则不宜多食。

选购保存

挑选绿豆时，一观其形。优质绿豆外皮呈蜡质，颗粒饱满、均匀，很少有破碎，无虫，不含杂质。二闻气味。优质绿豆具有正常的清香味，无其他异味。

将绿豆放在阳光下暴晒，再装入密封盒中，至少可存放半年。

食材准备

水发大米 80克

水发绿豆 50克

水发小西米 30克

水发百合 15克

冰糖 ....适量

制作方法

1 取电饭锅，倒入水发大米、水发绿豆、水发小西米、水发百合、冰糖，注入适量清水。

2 盖上盖，按"功能"键，选择"煮粥"功能，时间设置为2小时，开始蒸煮。

3 待时间到，按"取消"键断电，稍稍搅拌入味即可。

257
千卡/100克

白扁豆

- 别名：藕豆、白藕豆、南扁豆。
- 性味：性平，味甘。
- 归经：归脾、胃经。

含蛋白质、多种氨基酸、脂肪、糖类、钙、磷、铁，以及食物纤维、维生素A原、维生素B$_1$、维生素B$_2$、维生素C、酪氨酸酶等。

食用价值

中医认为，白扁豆性味平和，一般人都适宜食用，尤其是脾胃虚弱的人。脾胃不好的人在夏天特别容易遭受暑湿的侵袭，多吃一些白扁豆，可以健脾和胃、解暑化湿、补虚止泻，对脾胃有很好的养护。白扁豆具有抗菌、抗病毒作用，能增强人体的免疫功能。白扁豆的矿物质与维生素含量很高，有补脾胃、和中化湿、消暑解毒的作用。白扁豆的蛋白质中含有赖氨酸、蛋氨酸、亮氨酸、苯丙氨酸、苏氨酸等人体必需的氨基酸。白扁豆的蛋白质量是小麦的两倍多，与小麦和其他豆类相比，不仅丰富，而且较为平衡，为优质的植物蛋白。

饮食宜忌：若体内气虚生寒，脏腑被寒气所困，表现为腹胀、腹痛、面色发青、手脚冰凉，不宜吃白扁豆。

选购保存

白扁豆呈扁椭圆形或扁卵圆形，长度一般0.8～1.3厘米，宽度6～9毫米，厚约7毫米。在选购白扁豆时，应该选择粒大饱满、呈淡黄白色或淡黄色的，表面平滑、有光泽的白扁豆较优质。

晒干的白扁豆用食品袋或密封盒装好，放入冰箱冷藏保存。

白扁豆粥

食材准备

白扁豆 100克

粳米...........................100克

冰糖...........................20克

制作方法

1 砂锅中注入清水烧开，倒入泡好的粳米，加入泡好的白扁豆，拌匀，用大火煮开后转小火续煮1小时至食材熟软。

2 加入冰糖，搅拌至冰糖溶化即可。

小贴士

白扁豆比较难熟，需要提前浸泡4小时左右。

白扁豆瘦肉汤

食材准备

白扁豆 100克

猪瘦肉块 20块

姜片 ....少许

盐 ....少许

小贴士

本道菜煮制的时间较长，因此瘦猪肉不宜切得太小，以免影响其口感。

制作方法

1 锅中注入适量的清水，大火烧开。

2 倒入备好的猪瘦肉块，搅匀，焯去血水。

3 将猪瘦肉捞出，沥干水分待用。

4 砂锅中注入适量的清水，大火烧热。

5 倒入备好的扁豆、猪瘦肉，放入姜片。

6 盖上锅盖，烧开后转小火煮1小时至熟透。

7 掀开锅盖，放入少许的盐，搅拌片刻，使食材更入味。

8 关火，将煮好的汤盛出装入碗中即可。

324
千卡/100克

赤小豆

- 别名：饭豆、菜豆、赤豆、赤
  豇豆、红豆、红饭豆。
- 性味：性平，味甘、酸。
- 归经：归心、小肠经。

含有蛋白质、脂肪、碳水化合物、膳食纤维、钙、磷、铁、维生素B_1、维生素B_2、皂角苷等。

食用价值

中医认为，赤小豆性平味甘酸，入心、小肠经，可以把心经之火经过小肠通过尿液排泄出去，所以赤小豆有清心火的作用，具有利水消肿、解毒排脓、化湿补脾之功效，比较适合脾胃虚弱的人。赤小豆中含有的膳食纤维可以帮助肠道蠕动；含有的皂角甙可刺激肠道，起到润肠通便作用，孩子适当食用可以预防便秘。赤小豆含丰富的蛋白质，有助于增强机体的免疫功能，提高抗病能力。赤小豆还含有较丰富的铁，有补血的作用，能有效预防缺铁性贫血。

饮食宜忌：赤小豆利尿作用强，有一定的促进肠道蠕动作用，所以肠胃功能不是很好的人，应该少吃。

选购保存

质量好的赤小豆种子略呈圆柱形而稍扁，长5～7毫米，直径约3毫米，种皮呈赤褐色或紫褐色，平滑，略有光泽。种脐线呈白色，约为全长的2/3，中间凹陷成一纵沟，偏向一端，背面有一条不明显的棱脊。质坚硬，不易破碎，除去种皮，可见两瓣乳白色子仁。闻之气微，口嚼之有豆腥味。

将拣去杂物的赤小豆摊开晒开，以3～5斤为单位装入塑料袋中，再放入一些剪碎的干辣椒，密封起来，放置干燥、通风处保存。

儿童三豆汤

食材准备

红豆.............................30克

赤小豆........................30克

黑豆.............................30克

冰糖............................. 适量

小贴士

也可将三豆汤制成豆浆，豆浆没有豆粒，更适合孩子食用。

制作方法

1 将洗净的赤小豆、红豆、黑豆用清水浸泡2小时。

2 锅中注入适量清水，放入浸泡好的三种豆子，搅拌均匀，盖上盖，煮沸后转小火熬煮至豆子开花。

3 揭盖，加入适量冰糖，拌煮至冰糖溶化即可。

凉瓜赤小豆排骨汤

食材准备

赤小豆	30克
苦瓜块	70克
排骨	100克
高汤	适量
盐	2克

小贴士

可将赤小豆在温水中浸泡3~4小时再煮，这样更易煮熟软。

制作方法

1 锅中注入适量清水烧开，倒入洗净的猪骨，焯煮片刻。

2 捞出焯煮好的猪骨，沥干水分。

3 将猪骨过一次冷水，备用。

4 锅中倒入适量高汤，加入焯过水的猪骨。

5 再倒入备好的凉瓜、赤小豆，搅拌片刻。

6 盖上锅盖，用大火煮15分钟后转中火煮1.5小时至食材熟软。

7 揭开锅盖，加入少许盐调味，搅拌均匀至食材入味。

8 盛出煮好的汤料，装入碗中即可。

51
千卡/100克

火龙果

- 别名：青龙果、红龙果。
- 性味：凉性，味甘。
- 归经：归胃、大肠经。

营养成分

含有脂肪、蛋白质、膳食纤维、胡萝卜素、果糖、葡萄糖、各种维生素，以及植物性白蛋白、花青素。

食用价值

火龙果作为一种热带、亚热带水果，味道清甜，营养价值丰富，是夏季常见的解暑水果之一。火龙果中铁元素含量比一般水果要高，铁元素是制造血红蛋白及其他含铁物质不可缺少的元素，对孩子的身体健康有着重要作用。人体会在不知不觉中从空气、水等处摄入重金属离子，火龙果中的活性白蛋白在人体内遇到相关重金属离子时，会将其牢牢地包裹起来，避免重金属离子被人体肠道吸收，并且直接跟着食物残渣排出体外，起到解毒的效果。每隔一段时间吃一次火龙果，等于给身体进行一次排毒。

饮食宜忌： 火龙果性凉，面色苍白、四肢乏力、经常腹泻等症状的虚寒体质者不宜多食。

选购保存

挑选火龙果时可通过颜色、重量、成熟度等来判别优劣。火龙果的表面越红，说明火龙果成熟度越好。挑选火龙果时，要多拿几个掂量、比较一番，最沉最重的火龙果汁多、果肉饱满。用手轻轻捏按，过软则说明火龙果熟过了，很硬说明火龙果还很生。挑选软硬适中的最好。

热带水果不宜放入冰箱保存，建议现买现食或放在阴凉通风处保存。

火龙果牛奶汁

食材准备

火龙果 1个

配方奶 100毫升

制作方法

1 将火龙果去皮,切成一口大小的方块。

2 将切好的火龙果方块放入榨汁机,倒入配方奶,榨成汁即可。

用红心火龙果制作本品口感更佳。

火龙果银耳糖水

食材准备

火龙果 150克

水发银耳 100克

冰糖 30克

红糖 30克

红枣 20克

枸杞 10克

食粉 ....少许

制作方法

1 将洗净的水发银耳切去根部，再切成小块。洗净的火龙果切去果皮，再把果肉切成丁，待用。

2 锅中注入清水烧开，撒上少许食粉，倒入水发银耳，搅拌均匀。用大火煮1分钟，捞出，沥干水分，待用。

3 砂锅注入清水烧开，倒入洗净的红枣、枸杞，放入焯过水的水发银耳，烧开后用小火煮约20分钟，至食材熟软。

4 倒入切好的火龙果肉，撒上冰糖，搅拌均匀，转中火续煮片刻，至冰糖完全溶化即可。

 小贴士

　　银耳焯水的时间可以长一些，这样能缩短烹饪的时间。

食材准备

火龙果肉 100克
吉利丁片 2片
白糖 30克

制作方法

1　把吉利丁片放入清水中浸泡4分钟至其变软。捞出泡好的吉利丁片，装碗备用。

2　把200毫升清水倒入锅中，放入白糖，用搅拌器搅匀。倒入吉利丁片，搅拌均匀，煮至溶化。放入火龙果肉，搅匀，制成果冻汁。

3　把果冻汁倒入杯中，待凉后放入冰箱冷冻1小时至果冻成形。取出火龙果果冻即可食用。

 小贴士

　　煮果冻的时间不宜过久，否则容易煮煳，影响口感。

29
千卡/100克

阳桃

- 别名：三廉、酸五棱、杨桃、羊桃。
- 性味：性凉，味甘、酸。
- 归经：归肺、胃、膀胱经。

营养成分

含碳水化合物、维生素C、蔗糖、果糖、葡萄糖、苹果酸、草酸、柠檬酸、维生素B_1、维生素B_2、钙、钾、镁、微量脂肪及蛋白质。

食用价值

中医认为，阳桃是一种性寒，味甘、酸的水果，具有清热、解毒、生津、利尿的功效。阳桃中所含的大量糖类及维生素、有机酸等，是人体生命活动的重要物质，常食可补充机体营养，增强机体的抗病能力。孩子应该适量吃。阳桃中糖类、维生素C及有机酸含量丰富，且果汁充沛，能迅速补充人体的水分而止渴，并使体内热毒随小便排出体外。阳桃汁中含有大量草酸、柠檬酸、苹果酸等，能提高胃液的酸度，促进食物的消化而达到和中消食的效果。阳桃中还含有大量的胡萝卜素类化合物、糖类、有机酸，以及维生素B、维生素C等，可消除咽喉炎症及口腔溃疡，防治风火牙痛。

饮食宜忌：阳桃性稍寒，多食易使脾胃湿寒，便溏泄泻，有损食欲及消化吸收。

选购保存

果皮光滑，没有伤痕、裂口，中小个的阳桃味道比较好。用手摸，如果感觉很硬，说明是很新鲜的阳桃。买的时候可以用手掂量一下，如果很轻，说明不太新鲜了。

阳桃很容易变黄变色，最好用泡沫纸尽可能地包严，放入冰箱冷藏室里保存。

阳桃香蕉牛奶

食材准备

阳桃...........................180克

香蕉..........................120克

配方奶 80毫升

应选择熟透的香蕉，否则会影响成品口感。

制作方法

1 将洗净的香蕉剥去果皮，切成小块。

2 将洗好的阳桃切开，去除硬芯部分，切成小块。

3 取榨汁机，选择搅拌刀座组合，放入香蕉、阳桃，加入配方奶，榨取果汁。

洛神阳桃汁

食材准备

阳桃...170克

冰糖...20克

洛神花 ....少许

制作方法

1 将洗净的阳桃切开，去籽，切成块。

2 砂锅注入清水烧开，倒入洗好的洛神花，盖上盖，烧开后转小火煮约15分钟至析出有效成分。揭盖，盛出洛神花汁，滤入碗中，待用。

3 取榨汁机，选择搅拌刀座组合，倒入阳桃、冰糖，注入煮好的洛神花汁，榨取汁水。

 小贴士

阳桃切得小一些，可以节省榨汁时间。

阳桃炒牛肉

食材准备

牛肉..130克

阳桃..120克

彩椒..50克

姜片、蒜片、葱段......................各少许

盐、食粉、白糖、蚝油、料酒、生抽、

水淀粉、食用油......................各适量

制作方法

1 将洗净的彩椒切成丝，洗好的牛肉切成片，洗净的阳桃切片。

2 将牛肉装入碗中，加入适量生抽、食粉、盐，拌匀，再淋入适量水淀粉，拌匀上浆，腌约10分钟。

3 用食用油起锅，倒入姜片、蒜片、葱段，爆香。倒入牛肉片，炒匀。淋入少许料酒，炒匀提味。倒入阳桃片，撒上彩椒丝，用大火快炒至食材熟软。

4 转小火，淋上生抽，放入适量蚝油、盐、白糖，炒匀调味。最后倒入适量水淀粉，快速翻炒均匀即可。

小贴士

阳桃切好后浸泡在清水中，不仅可以防氧化，还可以减轻其酸味。

52
千卡/100克

苹果

- 别名：严波、超凡子、天然子、频婆、滔婆、平波。
- 性味：性平偏凉，味甘、微酸。
- 归经：归脾、肺经。

俗话说得好："一天一个苹果，疾病远离我"。苹果向来是营养学家大力推荐的健康水果之一。苹果也是生活中常见的一种水果，具有丰富的营养价值与养生功效，被人们称为"幸福果"，经常食用对人的身体健康和儿童的正常发育都有益。苹果富含锌，锌是人体中许多重要酶的组成成分，是促进生长发育的重要元素，更是构成与记忆力息息相关的核酸及蛋白质不可缺少的元素，常常吃苹果可以增强记忆力，具有健脑益智的功效。苹果含有丰富的矿物质和多种维生素，婴儿常吃苹果，可预防佝偻病。孩子容易出现缺铁性贫血，而铁质必须在酸性条件下和在维生素C存在的情况下才能被吸收，所以吃苹果对缺铁性贫血有较好的防治作用。

饮食宜忌： 溃疡性结肠炎的病人不宜食用生苹果。因为苹果质地较硬，加上含有粗纤维和有机酸，不利于肠壁溃疡面的愈合。

营养成分

富含糖类、蛋白质、脂肪、磷、铁、钾、苹果酸、奎宁酸、柠檬酸、酒石酸、鞣酸、果胶、纤维素、B族维生素、维生素C及微量元素。

选购保存

挑选苹果的小技巧：一从外观上选。表皮有点粗糙，用手摸感觉有小点点的苹果既脆又甜。二从色泽上选。黄里透红的苹果水分足，口感好。三从重量上选。放在手里掂一下重量，手感沉甸甸的苹果水分足。

放置在室温的苹果如果在一周内没有吃完，建议放入冰箱冷藏。

苹果汁

食材准备

苹果...........................90克

制作方法

1　将洗净的苹果削去果皮，切开果肉，去除果核，将果肉切成丁，待用。

2　取榨汁机，选择搅拌刀座组合，倒入苹果丁，注入少许温开水，榨取苹果汁。

小贴士

　　苹果汁不宜久存，应立即饮用。

食材准备

苹果...60克

制作方法

1 将洗净的苹果对半切开，削去外皮，切成瓣，去核，切成丁，装入碗中待用。

2 蒸锅加清水上火烧开，放入蒸碗，用中火蒸10分钟即可。

蒸苹果有收敛、止泻的功效，非常适合腹泻的宝宝食用。

扫一扫
美味跟着学

葡萄苹果沙拉

食材准备

葡萄...................................80克

去皮苹果...........................150克

圣女果.............................40克

酸奶.................................50克

制作方法

1 将洗净的圣女果对半切开，葡萄洗干净，苹果去核切成丁。

2 取一干净的盘，摆放上圣女果、葡萄、苹果。

3 再浇上酸奶即可。

 小贴士

用沙拉酱代替酸奶，也别有一番风味。

240
千卡/100克

鸭肉

- 别名：鹜肉、家凫肉、扁嘴娘肉、白鸭肉。
- 性味：性凉，味甘、咸。
- 归经：归脾、胃、肺、肾经。

营养成分

富含蛋白质、B族维生素、维生素E，以及铁、铜、锌等微量元素。

食用价值

中医认为，鸭肉味甘微咸，性偏凉，入脾、胃、肺、肾经，具有"滋五脏之阴，清虚劳之热，补血行水，养胃生津，止咳"的功效。经常食用鸭肉除能补充人体必需的多种营养成分外，还可祛除暑热、保健强身。鸭肉具有高蛋白低脂肪的优点，蛋白质含量比猪肉高，而脂肪含量比猪肉低。此外，鸭肉是含B族维生素和维生素E比较多的肉类，且钾、铁、铜、锌等微量元素都较丰富，民间有"大暑老鸭胜补药"的说法。中医认为，鸭属水禽，由于生长在水边，肉味甘微咸，性偏凉，根据中医热者寒之的原则，特别适合苦夏、上火、体内生热者食用。

饮食宜忌：感冒患者不宜食用。感冒者应食辛散发表食物。

选购保存

新鲜质优的鸭肉体表光滑，呈乳白色，切开后切面呈玫瑰色，无腥臭味和其他异味；形体一般为扁圆形，腿的肌肉摸上去结实，有凸起的胸肉。若鸭肉摸上去松软，腹腔潮湿或有霉点，则说明质量不佳。

新鲜鸭肉采用低温保存，可把鸭肉放入保鲜袋内，在冰箱冷冻室内保存。

鸭肉炒菌菇

食材准备

鸭肉.........................170克

白玉菇 100克

香菇...........................60克

彩椒、圆椒.............. 各30克

姜片、蒜片、盐、生抽、料酒、

水淀粉、食用油........各适量

制作方法

1 将洗净的香菇去蒂，切片。将洗好的白玉菇切去根部。洗净的彩椒、圆椒均切粗丝。将处理好的鸭肉切条。

2 将鸭肉放入碗中，加入少许盐、生抽、料酒、水淀粉拌匀，倒入食用油，腌约10分钟。香菇、白玉菇、彩椒、圆椒分别放入沸水锅中焯至断生。

3 用食用油起锅，放入姜片、蒜片，爆香。倒入腌好的鸭肉，炒至变色。放入焯过水的食材，炒匀。加少许盐、水淀粉、料酒调味，用大火快速翻炒至入味即可。

滑炒鸭丝

食材准备

鸭肉 160克

彩椒 60克

香菜梗、姜末、蒜末、葱段 .....各少许

盐 3克

生抽 4毫升

料酒 4毫升

水淀粉、食用油 ....各适量

制作方法

1 将洗净的彩椒切成丝，洗好的香菜梗切段，洗净的鸭肉切丝。将鸭肉装入碗中，倒入少许生抽、料酒，加入少许盐、水淀粉，拌匀，再注入适量食用油，腌约10分钟。

2 用食用油起锅，下入蒜末、姜末、葱段，爆香。放入鸭肉丝，加入适量料酒，炒香。再倒入生抽，炒匀，放入切好的彩椒丝，拌炒匀。接着放入适量盐，炒匀调味。

3 最后淋入适量水淀粉勾芡，放入香菜段炒匀即可。

小贴士

炒制鸭肉时，加入少许陈皮，不仅能有效去除鸭肉的腥味，还能为菜品增香。

粉蒸鸭块

食材准备

鸭块	400克
蒸肉米粉	60克
蒜蓉、葱段	各5克
葱花	3克
盐	2克
生抽、料酒	各8毫升
食用油	适量

制作方法

1 把鸭块装入碗中，倒入料酒、蒜蓉、葱段，加入生抽、盐，注入食用油，拌匀，腌渍约15分钟。

2 待鸭肉腌渍好后，加入蒸肉米粉，拌匀，盛入蒸盘中待用。

3 蒸锅上火烧开，放入蒸盘，蒸约30分钟至食材熟透。取出趁热撒上葱花即可。

小贴士

鸭肉建议焯一下水，能减轻腥味，改善口感。

97
千卡/100克

吃鱼要分季节，根据营养专家建议，夏季绝对是吃鱼的"黄金季节"。夏季，黄花鱼、鲐鱼、鲅鱼及三文鱼和多宝鱼等鱼类临近产卵期，最适宜吃这几种鱼。众所周知，鱼肉富含DHA，可维持视网膜正常功能，对婴儿尤其重要；DHA对人脑发育及智能发展也有极大的助益，是神经系统成长不可或缺的养分。鱼肉中含有丰富的完全蛋白质，这些蛋白质所含必需氨基酸的量和比值最接近人体需要，容易被人体消化吸收，特别是处于生长发育期的儿童，适量地多吃一些鱼肉，能促进肌肉的快速生长。鱼肉含有大量锌、硒、碘等矿物质，都是孩子的骨骼、肌肉生长和免疫系统建立所必需的营养物质。

营养成分

含有蛋白质、叶酸、维生素A、维生素B_2、维生素B_{12}、无机盐、铁、钙、磷、镁等。

选购保存

新鲜的鱼表皮有光泽，鳞片完整，紧贴鱼身，鳞层鲜明；鱼肉组织紧密，肉质坚实；鱼眼光洁明亮，略呈凸状，完美无遮盖。

将新鲜的鱼去掉内脏、鳞片并冲洗干净之后，切成鱼块，用保鲜袋包好放入冰箱冷冻。海鱼买回后用保鲜袋包好，放入冰箱冷冻即可。

饮食宜忌： 鱼肉的蛋白质含量较高，而蛋白质含量高的食物易引起过敏。如果孩子有过敏史，比如花粉热、哮喘、食物过敏，建议等孩子3岁后再吃鱼。

鱼肉蛋饼

食材准备

草鱼肉 90克

鸡蛋............................1个

葱末........................... 少许

盐、番茄酱、水淀粉 ...各少许

食用油 ....适量

制作方法

1 将洗净的草鱼肉切成片，装入蒸盘中，放入烧开的蒸锅中，用中火蒸8分钟至熟。取出蒸好的鱼肉，压碎，剁成鱼肉末。

2 把鸡蛋打入碗中，用筷子搅散，放入少许葱末，倒入鱼肉末，搅拌均匀，再放入少许盐、水淀粉，拌匀调味，做成鸡蛋鱼肉糊。

3 在煎锅中注入适量食用油，倒入鸡蛋鱼肉糊，用锅铲抹平，用小火煎至两面微黄。盛出煎好的鱼肉蛋饼，再挤上少许番茄酱即可。

鱼肉菜粥

食材准备

水发大米 60克
去皮鱼肉 20克
大白菜 30克
盐 .... 少许
生抽 2毫升
食用油 .... 适量

制作方法

1 将洗净的大白菜切碎。将洗好的去皮鱼肉切碎，剁成末，待用。

2 用食用油起锅，倒入鱼肉末，翻炒至鱼肉松散，淋入少许生抽，加入少许盐，翻炒至入味，盛出待用。

3 锅中注入适量清水烧开，放入洗净的水发大米，用大火煮沸后转小火煮约30分钟至米粒熟软。再倒入炒熟的鱼肉，放入切好的大白菜，搅拌均匀，盖上盖，续煮片刻至全部食材熟透。

4 关火，将煮好的粥盛入碗中即可。

扫一扫
美味跟着学

 小贴士

　　鱼肉要剔除鱼刺，以免孩子食用时鱼刺卡到喉咙。

鱼肉蒸糕

食材准备

草鱼肉 170克

洋葱.....................................30克

蛋清.....................................少许

盐 2克

生粉.....................................6克

芝麻油 ....适量

制作方法

1 将洗净的洋葱切成粒。将洗好的草鱼肉去皮，再切成丁。

2 取榨汁机，选绞肉刀座组合，倒入鱼肉丁、洋葱、蛋清，放入少许盐，把食材绞成鱼肉泥。

3 把绞好的鱼肉泥装入碗中，顺一个方向搅至起浆，放入盐、生粉，拌匀，倒入芝麻油，搅拌均匀待用。

4 取一个干净的盘子，倒入少许芝麻油，将鱼肉泥装入盘中，抹平，再加入少许芝麻油，抹匀，制成饼坯，放入烧开的蒸锅中，用大火蒸7分钟。

5 关火，把蒸好的鱼肉糕取出，分切成小块即可。

小贴士

切鱼时应将鱼皮的一面朝下，最好顺着鱼刺刀口斜入，这样切起来更干净利索。

Chapter 3

炎炎夏日，
小儿养心不要误

滋养心阴不盗汗

盗汗又称"寝汗"，一般发生在孩子安静熟睡中，睡时出汗，醒后即止。常伴有手脚心热、舌红少苔等症状。孩子盗汗多因阴虚热扰、心液不能敛藏所致。

孩子入睡后不久，头、胸、背等多处盗汗，常常浸湿枕巾、睡衣等，这是因为孩子刚入睡时体温上升，但孩子的自主神经发育尚不健全，在入睡时，主管汗腺的交感神经会因失去大脑的控制而一时兴奋，出现汗多现象，只要孩子无烦躁、哭闹、易醒等症状，这完全是正常的。这种现象往往见于入睡后半小时之内，且以额头出汗为主，一般在睡后两个小时之内慢慢消失，多见于3～7岁的孩子，并随年龄的增长而逐渐消失，有人称之为生理性多汗。

中医认为，心主血，脾统血，汗为心之液，血汗同源。若长期盗汗不止，则会耗伤心阴，导致孩子体质差、形体消瘦。因此，若孩子出现盗汗的现象，家长应引起重视。一旦发现孩子盗汗，首先要及时查明原因，并根据原因给予相应处理。如果是生理性盗汗，一般不主张采用药物治疗，而是从调整生活规律，消除生活中的致热诱因着手。另外，中医认为，"汗为心液"，若盗汗长期不止，还应注意滋补心阴，以弥补心阴的耗伤。

出现盗汗时，家长要及时用干毛巾给孩子擦干皮肤、换衣服，动作要轻、快，避免孩子受凉感冒，还要注意及时补充水分。由于出汗严重，孩子体内水分丧失较多，如果不及时补水，就有可能导致脱水。除此以外，家长还应督促孩子进行适当的体质锻炼，增强体质。体质强，盗汗随之而止。

在饮食上要做到，荤素搭配合理膳食，粗细兼吃，忌吃煎、炸、烤、油腻不化、辛辣及生冷冰镇食物；宜多吃一些养阴生津的食物，如小米、麦粉及各种杂粮，豆制品、牛奶、鸡蛋等；水果、蔬菜也应多吃，特别是要多吃苹果、甘蔗、西瓜等含维生素多的水果。

猕猴桃香蕉汁

食材准备

猕猴桃 100克
香蕉...........................100克

 小贴士

2岁以上的宝宝饮用
时，可以加入适量蜂蜜，
口感更佳。

制作方法

1 将香蕉去皮，把果肉切成小块。

2 将洗净的猕猴桃去皮，对半切开，去除硬芯，再切成
小块待用。

3 取榨汁机，选择搅拌刀座组合，倒入切好的猕猴桃、
香蕉，注入适量温开水，榨取果汁。

黄瓜苹果汁

食材准备

黄瓜...120克

苹果...120克

制作方法

1 将洗好的黄瓜切条，再改切成丁。

2 将洗净的苹果切瓣，去核，再切成小块。

3 取榨汁机，选择搅拌刀座组合，倒入切好的黄瓜、苹果，倒入适量温开水，榨取果蔬汁。

 小贴士

黄瓜榨汁后撇去表面的一层浮沫口感更佳。

牛奶蒸鸡蛋

(食材准备)

鸡蛋...2个
牛奶.......................................250毫升
提子、哈密瓜 .... 各适量
白糖...少许

(制作方法)

1 将洗净的提子对半切开，用挖勺将
哈密瓜挖成小球状，待用。

2 将鸡蛋打入碗中，打散调匀待用。
把白糖倒入牛奶中，搅匀，再将搅
匀的牛奶加入蛋液中，搅拌均匀，
做成牛奶蛋液。

3 取电饭锅，倒入适量清水，放上蒸
笼，放入调好的牛奶蛋液，盖上
盖，按下"功能"键，选定"蒸
煮"功能，时间定为20分钟，开始
蒸煮。

4 按"取消"键断电，打开盖子，把
蒸好的牛奶蒸鸡蛋取出，摆放上切
好的提子和挖好的哈密瓜球即可。

小贴士

建议将葡萄去籽后食用更方便。

雪梨苹果山楂汤

食材准备

苹果......................................100克

雪梨..90克

山楂..80克

冰糖..40克

制作方法

1 洗净的雪梨去核，果肉切成小块。
   洗好的苹果去核，果肉切成小块。
   洗净的山楂去除头尾，对半切开，
   去核，再切成小块。

2 砂锅注水烧开，倒入切好的食材，
   搅拌均匀，用大火煮沸后转小火煮
   约3分钟，至食材熟软。

3 倒入冰糖，搅拌均匀，用中火续煮
   片刻，至冰糖溶化即可。

 小贴士

　　山楂的头尾杂质较多，要注意去除干净，以免影
响汤汁的口感。

106

酸枣仁小米粥

食材准备

水发小米 230克
红枣、酸枣仁 .... 各少许
蜂蜜 .... 适量

制作方法

1 砂锅中注入适量清水烧开，倒入酸枣仁，用中火煮约20分钟至其析出营养成分。

2 捞出酸枣仁，倒入洗好的水发小米、红枣，搅拌均匀，烧开后用小火煮约45分钟至食材熟透。

3 加入蜂蜜，用勺搅拌均匀即可。

 小贴士

蜂蜜不宜高温久煮，以免其营养被破坏。

养心安神睡眠佳

家长都知道，孩子睡得好不好，直接影响着孩子的发育。孩子睡得好了，心情就会好，胃口也会跟着变好；白天的精力就很足，就能更好地运动，孩子的反应也会越来越敏捷，学习的能力也会增强。一旦孩子睡得不好，常常会导致记忆力下降、注意力下降、反应迟钝、易激怒、焦虑、抑郁等。因此，充足的睡眠对孩子的身心健康十分重要。

炎热的夏季里，人的精神状态也相对烦躁，很多人会有睡眠问题。而孩子本身就体热，加上天气原因，特别容易睡不安稳。

在中医上，认为心脏为神之居，血之主，脉之宗，心的五行属火，起主宰生命的作用。中医认为，失眠往往是因为阴血不足、心失所养，因此要非常重视养心安神。夏天天气炎热，昼长夜短，根据中医的说法，夏季在五行中属火，对应脏腑为"心"。因此，夏季养生的一大关键就是养"心"以安神。

那么，夏季吃什么食物能养心安神呢？夏季养心的应遵循"三多三少"的饮食原则。"三多"即植物蛋白多、维生素多、纤维素多；"三少"即脂肪少、糖少、盐少。

夏季宜多吃有养心安神功效的茯苓、莲子、百合等。在饮食方面，应多吃小米、玉米、豆类、鱼类、洋葱、土豆、冬瓜、苦瓜、芹菜、芦笋、南瓜、海带、香蕉、苹果等。同时，还要多吃养阴生津食品，如藕粉、银耳、西瓜、鸭肉等。除此之外，夏天也可多吃点"苦"，如苦瓜、绿豆等，苦入心，可养阴清热除烦。

另外，夏天出汗多，身体消耗水分多，每天要多饮水、多喝汤、多食粥，通过饮食及时为身体补充水分。

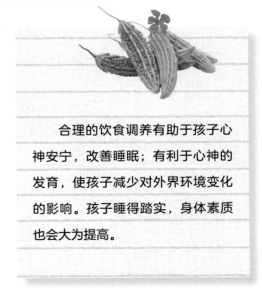

合理的饮食调养有助于孩子心神安宁，改善睡眠；有利于心神的发育，使孩子减少对外界环境变化的影响。孩子睡得踏实，身体素质也会大为提高。

珍珠鲜奶安神养颜饮

食材准备

牛奶......................50毫升

珍珠粉..........................5克

白糖..........................10克

牛奶不宜煮太久，
否则营养会流失。

制作方法

1 汤锅中注入适量清水烧开，倒入牛奶，拌匀，烧开后
用小火煮约2分钟，至散出奶香味。

2 放入白糖，拌煮至白糖溶化。

3 另取一碗，倒入珍珠粉，把煮好的牛奶盛入装有珍珠
粉的碗中，搅匀，稍微放凉后即可饮用。

安神莲子汤

食材准备

木瓜...50克
水发莲子.................................30克
百合...少许
白糖...适量

制作方法

1 将洗净去皮的木瓜切成小块，待用。

2 汤锅中注入适量清水烧热，放入切好的木瓜，倒入水发莲子，搅拌均匀，烧开后用小火煮10分钟至食材熟软。

3 将百合倒入锅中，搅拌均匀，加入少许白糖，搅拌均匀至入味即可。

 小贴士

莲子心有苦味，若孩子无法接受，可以去除。

天花粉银耳百合粥

食材准备

天花粉 10克

百合 20克

水发银耳 30克

水发大米 100克

冰糖 15克

制作方法

1 将洗净的水发银耳切成小块，待用。

2 砂锅中注水烧开，倒入洗净的水发大米，搅拌均匀，放入备好的天花粉、水发银耳，搅拌均匀，用小火煮约30分钟至食材熟软。

3 倒入洗净的百合，续煮10分钟至食材熟透。加入冰糖，搅拌均匀，略煮一会儿至冰糖溶化即可。

 小贴士

可根据个人口味需要选择是否加冰糖。

绿豆杏仁百合甜汤

食材准备

水发绿豆 140克

鲜百合 45克

杏仁 5克

制作方法

1 砂锅中注水烧开，倒入洗好的水发绿豆、杏仁，烧开后用小火煮约30分钟。

2 倒入洗净的鲜百合，拌匀，用小火煮约15分钟至食材熟软即可。

 小贴士

也可加入少许冰糖调味，味道会更佳。

茯苓百合排骨汤

食材准备

排骨段	200克
龙牙百合、茯苓、生地黄、赤小豆、芡实、薏苡仁	各少许
盐	2克

制作方法

1 将赤小豆装入碗中，倒入清水浸泡2小时。将龙牙百合、芡实、薏苡仁装入碗中，倒入清水浸泡10分钟。将茯苓、生地黄装入隔渣袋中，系好袋口，装入碗中，倒入清水浸泡8分钟。将所有浸泡的食材取出，沥干水分，待用。

2 砂锅中注水烧开，放入排骨段，焯煮片刻，捞出，沥干水分，待用。

3 砂锅中注入适量清水，倒入排骨段、茯苓、生地黄、赤小豆、芡实、薏苡仁，拌匀，大火煮开后转小火煮100分钟至营养成分析出。再放入龙牙百合，拌匀，续煮20分钟至其熟软。最后加入适量盐，搅拌至入味即可。

小贴士

焯好水的排骨段可以先放入凉水中浸泡片刻再煮制，口感更佳。

清热滋阴不上火

中医认为，人体内有一种看不见的"火"，能产生温暖和力量，提供生命的能源，推动生命的进程。"火"在一定范围内是必需的，但若超过需求范围就会表现为病症，统称为"上火"。夏季属火，通于心气。随着气温一天天升高，心火也越来越旺盛。心火旺、阳气盛，就特别容易出现心烦易怒、口干、睡眠不安、失眠多梦等症状，有些人还特别容易出汗。有些心火特别旺盛的人还会出现口腔溃疡、口舌生疮、尿黄等问题。正常成年人很容易出现这些身体状况，幼儿的情况则会更复杂一些，这主要与幼儿的身体特点有关。

在中医看来，幼儿五脏的特点是脾常不足、肺常不足、肾常虚、心常有余、肝常有余。心常有余、肝常有余是指幼儿很容易心火旺，肝火旺。所以，即使在其他季节，幼儿也特别容易出现心肝火旺的症状。夏季本身就有的心火旺，再加上自身的心常有余的体质，自然就更容易心肝火旺了。幼儿还有一个特点是他们是"纯阳之体"，阳气充足，再加上现在家长在饮食中给幼儿摄入大量肉类、甜食、零食，以及不良生活习惯的

影响，特别容易阴虚。进入夏季后，阳气更加充足，幼儿阴虚的状况会更加严重。因此，幼儿在夏天火气大的问题会更为明显。

要想帮幼儿"消火"，让他度过一个没"火气"的夏天，清热滋阴必不可少。夏日里，降心火很重要的一个措施就是饮食调理。在饮食上应以清淡质软、易于消化的食物为主，以蒸煮凉拌的菜蔬为主，少吃高脂、厚味及辛辣上火之物。

在日常的主食和豆类选择上，以清热滋阴的食物如小麦、黑芝麻、绿豆等为主，还有豆腐等。猪肉、鸭肉、黑鱼、乌贼鱼、海蜇、海参、牡蛎等都是清热滋阴的食物，可以滋阴补虚。具有清热滋阴功效的食物还有黑木耳、西红柿、菠菜、梨、葡萄、桑葚、桃子等。

甘蔗雪梨糖水

食材准备

红甘蔗 200克
雪梨.........................100克

小贴士

对于较小的孩子，建议只取汁，稍大的孩子渣和汁均可食用。

制作方法

1 将洗净去皮的甘蔗切小段，再拍裂。将洗净的雪梨去核，把果肉切成丁。

2 砂锅注水烧开，倒入甘蔗、雪梨，煮沸后用小火煮约15分钟，至食材熟软。

3 搅拌片刻，用中火续煮几分钟即可。

西红柿菠菜汁

食材准备

西红柿 135克

柠檬片 30克

菠菜 70克

盐 .... 少许

制作方法

1 将洗净的菠菜去掉根部，切成小段。将洗好的西红柿切小块。将两者汆烫片刻，捞起待用。

2 取榨汁机，选择搅拌刀座组合，倒入菠菜段，放入柠檬片和西红柿块。

3 再倒入适量温开水，加入少许盐，榨取蔬果汁。

 小贴士

盐不宜加入过多，以免影响口感。

山药小麦粥

食材准备

水发大米.................................150克

水发小麦.................................65克

山药...80克

盐 2克

制作方法

1 将洗净去皮的山药切成丁，待用。

2 砂锅中注水烧开，放入洗好的水发大米、水发小麦，放入山药，拌匀，烧开后用小火煮约1小时。

3 加入少许盐，拌匀调味即可。

山药切好后应立即使用，以免其氧化变黑。

香葱拌豆腐

食材准备

豆腐	150克
小葱	20克
盐	少许
芝麻油	4毫升

制作方法

1 将洗净的豆腐切成小块,将洗净的小葱切成粒。

2 锅中注入适量清水烧开,倒入豆腐,焯去豆腥味,捞出,沥干水分,装入碗中。

3 往碗中的豆腐撒入葱花,加入盐、芝麻油,用筷子轻轻搅拌均匀即可。

小贴士

沸水锅中可以先放少许盐拌匀,再放入豆腐焯煮,这样豆腐不容易碎。

木耳芝麻甜汤

食材准备

水发珍珠木耳 150克

黑芝麻 30克

白糖 6克

制作方法

1 砂锅中注水烧开，放入洗好的水发珍珠木耳、黑芝麻，拌匀，大火煮开后转小火煮约35分钟至食材熟透。

2 加入白糖，稍稍搅拌至入味即可。

小贴士

珍珠木耳需提前泡发。

养护心脏有活力

中医认为，"心为一身之主，脏腑百骸皆听令于心，故为君主"。心在人的各脏器中起主导作用。按阴阳五行来说，夏季属火，而心气通于心。心对应"夏"，也就是说，在夏季，人的心阳最为旺盛，夏季的炎热是对心的最大考验。因此，炎热的夏季，要顺应天气的变化，注重心脏的保养。

现代医学也发现，当气温超过33℃时，人体新陈代谢的速度会显著提高。气温升高，人体皮下血管扩张，皮肤血流量比平时增加3~5倍，这些都加重了心脏的工作量。心又是人体工作量最大的器官，昼夜不停。加上夏季温度较高，血液循环加速，心脏容易负担过重。且炎热的天气易令人心浮气躁、心神不宁，这也会加重心脏的负担，诱发疾病。因此，养心在夏季来说至关重要。对于脏腑器官尚未发育完全的孩子来说，更是如此。更何况心脏作为人体的发动机，是人体最重要的器官之一，所以对其的养护要早。在炎热的夏季，养心首先要调整心态，俗话说，心静自然凉。静，可让人的心沉静下来，摒弃贪念，心态平和。不大喜大悲，也不过喜伤心。静可安神，心跳慢下来，呼吸正常，心脏才能正常运作。

清淡的饮食也可养心，可多吃些茯苓、莲子、百合、小枣等安神之物，养阴生津的藕粉、银耳、蜂蜜、西瓜、梨、芝麻、豆浆、藕、核桃、花生、鸭肉，以及清热解毒之物如苦瓜、绿豆等都可多吃些。苦味食物中所含的生物碱具有消暑清热、促进血液循环、舒张血管等药理作用，也适合在夏季食用。

补水是夏季养护心脏的重中之重，因为脱水会让心脏工作起来更加费力。但应避免在运动后大量饮水和饮用冰水，那样只会加重心脏的负担，甚至诱发心肌梗死。同时要及时摄入猪瘦肉、鱼类和新鲜的蔬菜水果保持自身的营养。

银耳红枣糖水

食材准备

银耳..........................50克

红枣..........................20克

枸杞..........................5克

白糖..........................适量

小贴士

红枣切开煮，糖水的味道更浓。

制作方法

1 将泡发好的银耳切去根部，再切成小块待用。

2 锅中注入适量清水烧开，倒入银耳、红枣，搅拌均匀，盖上盖，煮沸后转小火煮20分钟至食材熟软。

3 揭盖，倒入枸杞，拌匀，再盖上盖，用小火煮约5分钟。

4 揭盖，加入适量白糖，搅拌至白糖完全溶化即可。

蜂蜜核桃豆浆

食材准备

水发黄豆 60克

核桃仁 10克

白糖、蜂蜜 .... 各适量

制作方法

1 把已浸泡8小时的黄豆、核桃仁倒入豆浆机中，注入适量清水，加入少许蜂蜜，开始打浆。

2 豆浆机运转约15分钟即成豆浆。把打好的豆浆倒入滤网，用汤匙搅拌，滤去豆浆浮沫。

3 将豆浆倒入杯中，加入适量白糖，搅拌均匀至其溶化即可。

小贴士

　　蜂蜜本身有甜味，若不喜欢太甜，也可以不加白糖。1岁以内不宜饮用。

牛奶藕粉

食材准备

鲜牛奶 300毫升

藕粉 20克

制作方法

1 把部分鲜牛奶倒入藕粉中，搅拌均匀待用。

2 砂锅置火上，倒入余下的鲜牛奶，煮开后关火。

3 锅中倒入调好的藕粉，拌匀，再次开火煮约2分钟，搅拌至其呈现糊状即可。

在煮制的过程中宜用小火，这样可避免烧糊。

蜂蜜蒸百合雪梨

食材准备

雪梨..120克

鲜百合 30克

蜂蜜...适量

制作方法

1 将洗净的雪梨去皮，从四分之一处用横刀切断，分为雪梨盅和盅盖。取雪梨盅，掏空中间的果肉与果核。再取盅盖，去除果核，修好形状，待用。

2 取一个干净的蒸盘，摆上制作好的雪梨盅和盅盖，再把洗好的鲜百合填入雪梨盅内，均匀地浇上少许蜂蜜，盖上盅盖，放平稳，静置片刻，使蜂蜜与百合混合均匀。

3 蒸锅置于旺火上，加入适量水，烧开后放入蒸盘，用大火蒸约10分钟，至食材熟软即可。

小贴士

盅内的百合不宜压得太紧，以免阻碍蒸汽渗透，延长烹饪时间。

Chapter **4**

夏季防病
保健方案

少食冷饮能减少肠胃病

夏季的温度和湿度都较高，致使病菌、有害微生物繁殖速度加快，这将大大增加食品加工、储运、销售等各环节的污染机会，增加肠道传染病的传播。在高温酷暑时，来一杯清凉解渴的冰饮、一碗香甜可口的刨冰，是许多群众夏日最爱的消暑方法。夏天喝冷饮能帮助体内散发热量，补充体内水分、盐类和维生素，可起到生津止渴、清热解暑的作用。但民间有"天时虽热，不可贪凉；瓜果虽美，不可多食"的俗语。中医也认为，夏季人体阳气在外，阴气内伏，胃肠道供血较少，饮用大量冷饮会造成胃肠道突然收缩，供血量减少，引起生理功能的紊乱，影响食物的消化吸收，造成腹痛、腹泻等。对于肠胃功能尚未发育健全的幼儿来说，由于肠胃道本身功能较弱的因素，极易受冰冷食物的刺激。若一下子吃太多的冰冻食物、冷饮，会对肠胃产生很大的刺激，使得幼儿的肠胃免疫功能下降，消化能力减弱，在过度刺激下，很容易造成拉肚子，以及腹痛、腹泻等不适症状发生。轻微腹泻一两天就可痊愈，严重时会导致脱水甚至威胁性命，所以对其的预防显得更加重要。

另外，冷饮的主要成分是水，冰激凌、雪糕等还含有一些糖分及奶类，这些食物营养成分较低，不能作为主食来提供人体所需的营养。大量冷饮进入消化道，过冷会严重影响消化液的分泌及胃肠功能。夏天，孩子的食欲本来就较差，若再进食过多的冷饮，将严重影响孩子的食欲，容易导致营养不良，抵抗力也会随之下降。

但让孩子整个炎夏都不吃冷饮也不太可能，家长可以试着这样做以下几点。

（1）在孩子吃冷饮的时候，家长可以陪着孩子一小口一小口地吃，这样不容易刺激到孩子的肠胃，同时孩子也会养成细嚼慢咽的好习惯。

（2）家长尽量帮孩子选择不太甜的冷饮，因为较甜的冷饮含糖量很高，饮用后会影响食欲，也不利于牙齿的健康。

（3）尽量不要让孩子在饭前或饭后吃冷饮，包括冰激凌、冰镇饮料等，都不要给孩子吃。饭前吃冷饮会影响食欲，导致营养缺乏。有些冷饮中虽然含有牛奶等营养成分，但远远比不上正常饮食的营养。饭后立即吃冷饮会使胃酸分泌减少，消化系统免疫功能下降，导致细菌繁殖，引起肠胃炎等肠道疾病。另外，不宜空腹吃冷饮，容易损伤到孩子的胃肠。吃冷饮一般在饭后半小时到一小时之间为佳。

（4）平时，家长可以买一些孩子喜欢的杯子，自己制作一些新鲜的蔬果饮料给孩子饮用。在孩子想吃冷饮的时候，给孩子一杯鲜榨的果汁作为替代。

（5）家长还可以准备一些消暑食物代替冷饮。比如绿豆汤，是北方人的祛暑良品。绿豆气味甘寒，里面为黄色，可固护脾胃；表皮绿色可入肝经，清肠胃的热毒，还可以治臃肿、止渴。在饮用的时候可以添加少量糖或盐，甜味的食物可以健脾，咸味则可补肾。需要家长注意的是，绿豆不宜煮得过烂，以免使有机酸和维生素遭到破坏，降低其功效；绿豆性凉，脾胃虚弱的人不宜多食。其他的如赤小豆、扁豆等都可以煮成汤食用，都能起到解暑利湿、健脾利肾的功效。另外，夏天汗多容易伤阴，可以煮点酸梅汤给孩子喝。乌梅本身酸甘化阴，有养阴的作用，而且孩子们一般比较喜欢酸梅汤酸酸甜甜的味道。

（6）天气热的时候，孩子的食欲会下降，对食物也会很挑剔，所以家长要经常变换给孩子的食物种类、样式，用美食吸引孩子的注意力，让他们远离冷饮。

保护好眼睛预防结膜炎

结膜炎是一种常见疾病，成年人、婴幼儿都会发生。夏季细菌容易滋生，孩子抵抗力弱，卫生意识低，稍有不注意就很容易细菌感染，引发结膜炎。结膜炎的传染性强，治愈后身体机能的免疫力低下，因此可能会有重复感染。对于成年人来说，只要做好清洁卫生工作，结膜炎一般可以自愈。但是对于婴幼儿来说，情况会更加复杂。每年的6—9月份是结膜炎的集中高发期。

结膜炎因为患病时眼睑水肿，角结膜充血，表面看起来又红又肿，所以又被人们称之为红眼病。患者刚开始会出现眼红并伴随明显的眼部不适，如刺痛、畏光、流泪。如果家长发现孩子的眼睛出现结膜充血、分泌物增多、眼痛等症状，一定要及时带孩子去诊治。

◉ 结膜炎的传染途径

家庭传染：结膜炎主要通过接触传染，只要接触了病人眼屎或眼泪沾染过的物品，如毛巾、玩具、家具等，就会受到传染。

公共场所传染：儿童经常去的儿童游乐园、幼儿园、学校、游泳池等场所是结膜炎传播的高危地，健康孩子接触患结膜炎孩子接触过的物品、水源都可能受到传染。

◉ 结膜炎的护理与治疗

冲洗眼睛：孩子一旦患上了结膜炎，眼屎会增多，结膜囊内分泌物聚集。家长要每天使用消过毒的毛巾或纱布蘸上煮沸的凉开水或生理盐水给孩子的眼睛进行擦拭，注意拭擦时力道不能太大，以免给眼睛造成伤害。

点眼药水：结膜炎一般是由于病毒或细菌引起，需要靠药物来治疗。家长发现孩子患了结膜炎应及时请医生诊断，对症下药，不可以自己随便买些眼药水给孩子使用。

⊙ 结膜炎患儿的饮食注意事项

由于急性结膜炎属郁热上攻双目而致，饮食方面应以具有清热解毒作用的凉性、寒性或平性食品为宜。适宜吃些清淡、易消化、富有营养的食物，如猪瘦肉、猪肝、兔肉、羊肉等。多吃新鲜水果，如香蕉、雪梨、苹果、哈密瓜、葡萄、杨桃、龙眼肉等。宜喝果汁、橙汁、葡萄糖等。

禁食辛辣刺激、助阳燥热的食物，如大葱、洋葱、韭菜、蓼蒿、芥末、辣椒、胡椒、咖喱牛肉、咖喱鸡肉、油炸饼、油炸花生、油炸辣蚕豆等。禁食生冷、寒凉、肥腻的食物，如冻果汁、冻汽水、肥猪肉、酸菜鱼、海虾、蟹等。禁喝浓茶、浓咖啡等。

结膜炎患儿应多补充维生素A，有助于眼睛的康复。富含维生素A的食物有西红柿、茄子、南瓜、黄瓜、青椒、菠菜、苜蓿、豌豆苗、红心甜薯、胡萝卜、苹果、香蕉、樱桃、梨、鱼肝油等。

⊙ 如何预防结膜炎

（1）家长一定要勤给孩子剪指甲，勤洗手，告诉孩子不要用脏手揉眼睛；家中各人的毛巾应分开使用，用完后应放在太阳下暴晒。

（2）在结膜炎流行期间，家长尽量少带孩子去公共场所，孩子长时间外出，家长需随时携带具有杀菌功能的喷雾，及时消毒。

（3）如果带孩子去游泳池游泳，要选择到卫生条件好、消毒措施完备的游泳场所。游泳前给孩子佩戴密封性好的游泳镜，做好周全的防护。

（4）如家中有患结膜炎的患者，应尽量和孩子保持距离。患者使用过的毛巾、手帕和脸盆不要让孩子接触，并要煮沸消毒，晒干后再用。

（5）保持手及日用品的卫生。儿童很喜欢接触各种玩具和用品，家长应该教育孩子从小养成勤洗手、保护眼睛的习惯，孩子的玩具要经常清洗消毒，从而减少细菌的生长。并且要教育孩子养成饭前和便后洗手的好习惯。

（6）注意交叉感染的发生。小儿结膜炎具有很强的传染性，如果学校或家庭成员中有结膜炎症状患者，一定要注意做好相应的护理工作，而且要做好相应的隔离，已感染的患者应少去公共场所，从而避免把疾病传染给家人及其他人。

做好细菌性痢疾的防治

　　细菌性痢疾简称菌痢，是由志贺菌属（痢疾杆菌）引起的肠道传染病。菌痢在一年四季都有可能发生，但是夏季是菌痢的明显高发期，一般4月初至5月开始缓慢升高，6月、7月份急速上升，在8月、9月份达到高峰期。这是因为夏天苍蝇的密度最高，苍蝇喜欢在厕所等不洁的地方停留，它们的腿上有很多毛，毛上可黏附大量痢疾杆菌，当它们停留在食物或者用具上时，就会将痢疾杆菌传染给我们，这就导致了夏季的痢疾发病率明显上升。如果孩子食入被污染的食物或瓜果，玩过被污染的玩具且饭前没有好好洗手，或者有吮手指的习惯，那么患上痢疾的可能性就很大。细菌性痢疾的主要临床表现为：突然起病，发热、腹痛、腹泻，便次频繁，里急后重，排脓血样大便等。急性患者不及时、彻底治疗，易转为慢性。家长应带患儿及时去医院就诊，做到早诊断、早治疗及早隔离，在医师指导下服药7~10天，以免痢疾迁延复发，传染其他儿童。

⊙ 细菌性痢疾患儿的饮食注意事项

补充水分：及时给患儿补充水分，对于病情严重的患儿，应遵医嘱补充补液盐，以补充体内流失的葡萄糖、矿物质，并且调节钾、钠、电解质和水分酸碱的平衡。

在饮食方面，宜吃富有营养、易于消化的食物：患儿在急性期饮食以稀饭、酸牛奶（可抑制肠道有害细菌生长，具有收敛作用）等为主。当病情好转，腹泻基本停止，可摄取少渣食品，如面片、面包干、烤馒头干、蒸蛋羹等。还可适当以新鲜果汁、生苹果泥（因苹果中含有果胶，具有解毒、杀菌和止血的作用）辅助。主张少食多餐，每天4～6餐，禁食粗糙纤维食物与强烈刺激性的食品，不宜进食硬、凉及油腻的食物，以减轻肠道的负担，利于肠道功能的恢复。冰棍、雪糕及冰镇饮料不可食用。

⊙ 如何预防细菌性痢疾

注意饮食卫生，谨防病从口入：不喝生水，不吃腐败变质食物，吃生食时一定要保证卫生。饭菜应尽量做到当餐加工、当餐食用。越是营养丰富的饭菜，细菌越容易繁殖。如要进食剩菜，那么一定要进行二次加热并彻底热透。

储存制作食物生、熟分开：如果冰箱内同时存放生、熟食品时，应按熟上生下的方式存放，以避免熟食品受到传染；制作生食、熟食的刀具菜板也尽量区分开，可避免病菌感染；生食瓜果蔬菜一定要清洗干净。

尽量购买、食用新鲜食品：仔细辨别食品的出厂日期和有效期。尤其是在买奶、肉、禽、海产品时，一定要避免买到病死的家禽、不新鲜的海产品等。

防苍蝇：妥善贮放食物，防止苍蝇叮爬食物。注意安装纱门、纱窗防蝇，有苍蝇飞入室内应及时消灭。

做好物品消毒：孩子的奶瓶、碗、勺等餐具要先用专用洗涤剂仔细地清洗，然后用流动的水将泡沫完全冲净后，煮沸或用专用的消毒锅、微波炉等进行消毒。最后还要仔细擦干，彻底杀灭细菌。如果留有水分，就会成为细菌繁殖的温床。

洗手很重要：注意个人卫生，养成饭前、便后洗手的良好卫生习惯。玩具、门把手、公共汽车扶手等均可被痢疾杆菌污染，所以每次从外面回到家及饭前、便后都要把手洗净，也要勤给孩子洗手。

总之，在日常生活中，要养成良好的卫生习惯，加强体育锻炼，增强机体的抵抗力。起居有时，饮食有节，注意营养，杜绝病从口入，这样就能明显地降低菌痢的发病率。

室外活动时间不宜过长

家长们都知道，户外体育活动对孩子大有裨益，对孩子的健康成长，无论生理方面还是心理方面，尤为重要。可是夏天天气炎热，如果运动强度大，会导致血糖偏低、抵抗力下降，轻者会有眩晕的感觉，严重时甚至昏厥。加上运动过后大汗淋漓，如果人体水分消耗过多又得不到补充，就有可能导致中暑。而且夏天阳光强烈，如果孩子长时间在户外活动，紫外线辐射不仅会烧伤皮肤，还会增加患皮肤癌、白内障的风险，而且容易加速皮肤老化。因此，家长夏天带孩子进行室外活动时要注意运动量，控制好时间，让身体慢慢适应炎热的天气，避免长时间在烈日下活动。那么，如何在夏季进行科学有效的室外活动呢？

⊙ 选择合适的时间段进行户外活动，避免晒伤、中暑等

夏季，中午的阳光和紫外线过于强烈，确实不适合任何户外活动，但早晨9点之前，下午6点以后的阳光会柔和很多，在这两个时间段内可以选择进行一些不太剧烈的户外活动，如晨跑、做操等。

⊙ 通过一些室内体育运动代替室外体育运动

夏季炎热，很多的户外运动都不太适合，但是也有一些室内运动项目，比如乒乓球、室内羽毛球、游泳等，既能强身健体，又避免了阳光暴晒的弊端。

⊙ 通过防晒等措施减轻阳光对孩子的伤害

在进行户外活动前，家长给孩子抹一些防晒霜，穿上防晒衣，能够最大限度减轻阳光对孩子皮肤的伤害。

⊙ 注意膝盖和肘部的防护

夏天，因为天气炎热，着装常以短衣短裤为主，所以要做好膝盖和肘部的防护。家长要提醒孩子不要过快奔跑，尽量去地面较平坦的地方玩耍，并留意地面是否有石子、凹陷等。在跑动的时候，要提醒孩子手中不要握有玩具、树枝等物体，以免摔跤时划伤皮肤。

⊙ 注意补充水分，且方法要恰当

夏季户外活动出汗多，必须及时补充水分，但如果补水方式不对，也会引起不良的后果。运动中和运动后大量饮水，会给血液循环系统、消化系统，特别是给心脏增加负担。大量饮水只会导致出汗更多、盐分进一步流失，甚至引发痉挛、抽筋。正确的方法是：少量多次喝水，即使不渴，也要补充水分，避免一次性喝大量水，要让水分均衡地补充。

夏季天气炎热，孩子在活动过程中会消耗大量肝糖、水分和钾等。因此，活动后吃什么能让孩子快速补充这些营养就显得十分重要。

多补充流质食物

　　果汁、粥、汤及水分较多的水果和蔬菜（如西红柿葡萄、橙子、西瓜、生菜和黄瓜）等含有大量的水分和维生素，能迅速帮助机体恢复正常。

多吃含钾及维生素的食物

　　土豆、香蕉、橘子、橙汁和葡萄干等含有丰富的钾元素、维生素B和维生素C，有助于把人体内积存的代谢产物尽快处理掉，故食用富含维生素B和维生素C的食物能有效消除疲劳。

多补充高蛋白食物

　　人体热量消耗太大也时时感到疲劳，所以应多吃富含蛋白质的豆腐、猪瘦肉、鱼、蛋等食物。当然，补充蛋白不能盲目，不要一味地只吃肉，这样可能会导致营养失衡。

适量食用碱性食物

　　碱性食物，如新鲜蔬果、豆制品、乳类和含有丰富蛋白质与维生素的动物肝脏等食物经过人体消化吸收后，可以迅速地降低血液酸度，使血液趋于弱碱性，从而消除疲劳。

还有一点需要提醒广大家长特别注意：在孩子运动后，做好以下两件事。

⊙ 运动后不宜立即进食

运动时，由于血液多集中在肢体肌肉和呼吸系统等处，消化器官血液相对较少，消化吸收能力差，运动后需要经过一段时间调整，消化功能才能逐渐恢复正常。所以，如果剧烈运动后马上就进餐，一般都没有胃口，而且对食物的营养吸收能力也差。

运动时，人体全身的血液都会集中向运动器官供应，腹内各器官血液供应量相对减少，胃肠蠕动和消化腺的分泌也会出现暂时性的减弱。如果运动后马上进餐，肠胃无法正常消化食物，还容易引发肠胃病。

⊙ 运动后不宜马上洗澡

运动后，因出汗较多，很多人会选择马上洗澡，其实这对身体是有害处的。因为人体在运动时，由于运动量逐渐加大，肌肉不断收缩，为适应运动的需要，心率及呼吸也会随之加快，血液循环加速，流向肌肉和心脏的血液增加。当运动停止后，血液的流动和心率虽然放慢了，但仍会持续一段时间，才会渐渐趋于平稳，恢复到运动前的状态。如果这时立即洗澡，机体受到热水刺激后，会导致肌肉和皮肤的血管扩张，使流向肌肉和皮肤的血液进一步持续增加，导致其他器官供血不足，尤其

是造成心脏和脑部等重要器官的供血不足。因此，运动完后，建议先休息半小时左右，待身上的热量散发后再洗澡。水温不要太高，以36～39℃为宜。

必须重视防治食物中毒

　　民以食为天，食以安为先。食品的安全卫生关乎人们的身体健康，如今，"舌尖上的安全"已成为人们十分关心的话题。夏天气温升高，如大量饮水，胃酸浓度被冲稀，人体第一道天然屏障遭受破坏，细菌进入肠道，由于胆汁偏碱，杀菌力较弱。同时，由于气温较高，细菌生长繁殖能力强，食物易腐坏变质。如果吃了腐坏变质或被病菌污染的食物，就可能引起食物中毒。

　　食物中毒一般分为两大类，一类是急性细菌性食物中毒，是由于进食被细菌或其毒素污染的食物所引起，同席多人或在食堂中多人发病是其特点；另一类是化学性食物中毒，是由于进食被农药或鼠药等化学毒物污染的食物而造成。细菌性食物中毒是指人摄入含有细菌或细菌毒素的食品而引起的食物中毒，是较常见的食物中毒。我国发生的细菌性食物中毒多以沙门菌、变形杆菌、金黄色葡萄球菌为主，其次为副溶血性弧菌、蜡样芽孢杆菌食物中毒。动物性食品是引起细菌性食物中毒的主要食品，其中以畜肉类及其制品为主，其次是乳、蛋类。植物性食物，如剩米饭、米糕、米粉等则易引起金黄色葡萄球菌、蜡样芽孢杆菌食物中毒。

　　细菌性食物中毒的潜伏期一般在
2～48小时，临床表现以急性胃肠炎症
状为主，如恶心、呕吐、腹痛、腹泻
等。部分患者会伴有发热、腹部阵发性
绞痛、黏液脓血便或水样便等并发症。

　　儿童的抵抗力低下，消化系统功能
较弱，是细菌性食物中毒的高发人群。
那么作为家长该如何预防儿童食物中毒
呢？

⊙ 食品选购应注意

　　应选择储藏条件较好、符合卫生要
求的正规商场、超市和市场，要购买颜
色正常的食品或食品原料，仔细观察是
否新鲜，是否在保质期内，包装是否完
整无损等。特别是购买需要冷藏或冷冻
的食品时，要看其是否符合相应的贮藏
条件（一般冷藏温度为0～4℃、冷冻温
度为-18℃以下）。

⊙ 夏季要特别注意食物保藏

　　需要冷藏或冷冻的食品，购买后要
尽快放入冰箱保存，避免在室温环境下
暴露过长导致腐败变质。冰箱内存放的
食品不宜过满，要定期除霜。蔬菜、水
果类食品宜冷藏保鲜，与生肉、生鱼等
要分开保存。瓶装、罐装、利乐纸盒、
真空等包装食品，即开即用，开启后应
及时冷藏且不宜久存。

　　烹调好的食物室温存放时间不要超过2小时；剩菜、剩饭等要及时冷藏，冷藏时最好用保鲜膜包裹好，冷藏时间不宜超过24小时，再次食用前要彻底加热，并确认无变质后方可食用。

⊙ 食物制作过程中要注意清洁卫生

　　食材要洗净，切配、盛放食品的刀板和餐具要生、熟分开。加热烹制的食物要烧熟煮透；凉菜要现吃现做，可适量加入生蒜或醋杀菌。不吃或少吃生的海产品。富含蛋白质的食品如肉、蛋及蛋制品、水产品等要烧熟煮透；四季豆类食品要翻炒均匀、煮熟、焖透；加工好的熟食应当在2个小时内食用，超过2个小时，要充分加热后方可食用；不吃或少吃生的水产品；加工凉拌菜的蔬果一定要洗净消毒，现做现吃。

　　加工食品时要注意卫生，加工制作用的餐具、砧板、容器应生、熟分开，且用前、用后洗净。所有食品原料应用洁净水多次清洗，去除细菌和农药残留。

⊙ 外出就餐应注意

外出就餐时应选择证照齐全、卫生设施好、管理正规、干净整洁的餐厅，不要到无证的小店和街头摊点就餐，也不要食用路边烧烤；外出旅游时要注意卫生，用餐时应注意观察食品是否变质、是否有异物；切勿食用违禁食品；不要暴饮暴食。

⊙ 要养成良好的个人卫生习惯

要讲究环境卫生、食品卫生和个人卫生。注意家庭室内外的清洁卫生。不喝生水，不吃生冷食物，饭前、便后洗手，保持室内空气流通。

⊙ 食物中毒急救措施

若发现家中有人出现食物中毒的症状，应立即停止进食引起中毒的可疑食物，保留剩下的食物或中毒者的呕吐物、排泄物等，同时采取如下应急措施。

导泻	催吐

如果中毒者进食受污染食物的时间已超过2个小时，但精神仍较好，则可服用泻药，促使受污染的食物尽快排出体外。

送院治疗

如经上述急救，中毒者症状未见好转，或中毒程度较重，应立即拨打急救电话120，或尽快将中毒者送到医院进行治疗。

发生食物中毒后，如果摄入食物的时间不长（1~2个小时内），可采取催吐的方法。比如用筷子、手指或鹅毛等刺激咽喉，引发呕吐。但是患者神志不清的时候禁止催吐，应让其侧卧，使呕吐物顺利吐出，防止气道被堵塞而引起窒息。

⊙ 食物中毒患儿的饮食注意事项

（1）患儿恢复饮食后，原则上要进食一些容易消化，富含维生素B、维生素C及高蛋白质的食物。

（2）宜吃清淡有营养、流质的食物，如米汤、菜汤、藕粉、蛋花汤、面片等。

（3）多吃容易消化、促进排便的食物，如海带、猪血、胡萝卜、山楂、菠萝、木瓜等；多吃富含纤维的食物，可帮助排便，将体内残余的毒素排出，如各种蔬菜、水果、糙米、全谷类及豆类。

盛夏冰箱性肠炎的防治

随着人们生活水平的提高，加上夏季气温高，因食物保存的需要，冰箱已成为每个家中必备常用的家电之一。冰箱确实给人们的生活带来了极大的方便，但是，如果使用不当，就会诱发多种疾病，其中最为常见的是"冰箱性肠炎"。

进入盛夏，我们都习惯把冰箱视作食品的"保险箱"，几乎会把所有的菜品、饮品、水果等都储存在冰箱中。殊不知，如果食物在冰箱中保存时间过长，各类细菌尤其是耶尔氏菌就会在湿冷的环境中滋生。而喜欢贪吃凉食的人如果把食物从冰箱中取出立即食用，细菌就会入侵到胃肠，往往几小时后即出现耶尔氏菌中毒症状，俗称冰箱性肠炎。其临床上的表现为腹部隐痛、畏寒、发热、浑身乏力、恶心呕吐、厌油、纳差和轻中度腹泻，严重者可致中毒性肠麻痹。

冰箱，不是保险箱，更不是消毒柜，只是冷藏工具。在低温环境下，病菌只是被抑制、停止生长而已，但并未冻死。在适当条件下，病菌仍可繁衍滋生。而若干种特殊病菌，如李斯特菌、耶尔氏菌等，能在零下的低温环境下滋生繁衍。如果我们吃下被这些病菌污染的食物后，就容易诱发冰箱性肠炎。

虽然冰箱性肠炎为夏季常见的胃肠道疾病，尤其是儿童的抵抗力低下，更加容易被细菌感染。但是，如果家长能够及早预防，在生活中时刻注意卫生，就能起到很好的防范作用。具体防范措施包括以下几点。

第一，在冰箱中生、熟食物宜分开。熟食应放入加盖的容器中，避免细菌交叉感染。

第二，存放于冰箱内的熟食必须彻底加热再食用。存放于冰箱内的熟食，再吃时一定要彻底加热，以杀灭可能因污染而带入的致病菌，防止病从口入。

第三，食用生拌菜必须讲究卫生。夏季制作生拌菜，宜多加一些醋、生姜和芥末等佐料，有较好的杀菌作用。

第四，冰箱内物品存放要科学。水果蔬菜应用清水冲洗干净、沥干水分后再放入冰箱内下层，熟鱼、肉类等应放置在冷藏室上层，其他熟制品等应放于冰箱的中层，各种罐装食品可分别放在冰箱门的各个搁架上。冰箱内存放的食物不宜过满、过紧，要留有空隙，以利于冷空气对流，并尽量减少开门次数，缩短开冰箱的时间。

第五，放进冰箱的食物也要注意保存期限。冰箱储物是有时间限制的，不宜过久，尤其是蔬菜，存放数天后再食用是相当危险的。一般情况下，放在冷藏室的食物最长不宜超过3天。冰箱中冷藏菜肴的时间最好不要超过24小时，取出食用时一定要彻底加热熟透。腐败变质的食物不要储存在冰箱内。水果最好随洗随吃，洗后在冰箱内放置2小时以上再食用时，应再次清洗。

第六，冰箱要定期消毒。建议每3~4周用稀漂白粉水或0.1%高锰酸钾水擦拭一次冰箱。另外，还需定期清洗冰箱各板层，特别是过滤网，此处常常是污垢和病菌的积聚场所。

除了给冰箱定期消毒，我们也应该了解到，不是所有的食物都适合放入冰箱，即使放入冰箱，它们也有一个保存期限。一旦食物存放时间超出合理的期限就必然会变质。今天我们就一起来学习一下用冰箱储存食物的正确方法！

⊙ 怕进冰箱的六种食物

密封后的绿叶菜

　　蔬菜带水存放容易滋生细菌，尤其是叶类蔬菜的生理活性较高，密封太严、水分过多，更容易腐烂变质、掉叶。

　　建议：先把蔬菜表面的水风干后，再装进专用食品袋放入冰箱。存放前，先把袋子扎几个透气孔，保证其良好的透气性。

粉状及干制食品

　　这类食品如果密封不严，反而会使冰箱中的味道和潮气进入食品当中，既影响风味，又容易发霉。拿出时，由于温差大，其表面易出现冷凝而变得潮湿，从而更容易变质。

　　建议：这类食品不用放入冰箱，用密封盒或密封袋密封后，放在阴凉干燥处储存即可。

巧克力

　　将巧克力放入冰箱后，会使巧克力表面出现糖霜或因出油而引起反霜现象，同时口感也会变得粗糙。当取出经冰箱冷冻或冷藏后的巧克力后，表面凝结的水分易于细菌的繁殖生长，可能造成表面发霉。

　　建议：巧克力的最佳储存温度是5～18℃，尽量不要将巧克力放入冰箱储存。

裸露的剩饭剩菜、切开的水果

食物之间容易串味，还会增加细菌交叉污染的风险。热的饭菜直接放入冰箱，会引起水蒸气凝结，促使霉菌生长，导致冰箱里其他食物发生霉变。

建议： 剩饭剩菜应凉透后用保鲜盒、保鲜袋等干净的容器包装好再放入冰箱，再次食用前一定要充分加热。切开的水果应该盖上干净的保鲜膜后放入冰箱，吃之前可以把表面的一层去掉。

西红柿、没熟的水果

在低温环境下，西红柿中与产生芳香物质有关的基因被"冻僵"了，导致其风味大打折扣。尚未熟透的水果放入冰箱冷藏，会因为低温而持续处于未熟状态，就算移至室温环境中，也很快会腐败。

建议： 西红柿放在常温下储存即可。水果买回家后，要尽量、尽早恢复购买时的状态。即购买时水果是冰的，表示已经冷藏过，买回家后就要尽早放冰箱；如果是在常温下购买的，则要等散热、成熟了之后再冷藏。

蜂蜜

蜂蜜放入冰箱冷藏后，会加速其糖分结晶的速度，容易出现沉淀，从而变得很难取出，还影响口感。需要说明的是，这个变化并不影响蜂蜜的安全性，也不影响它的营养价值，只是会影响到口感。

建议： 蜂蜜的糖浓度很高，渗透压比较大，自由水分很少，不利于微生物繁殖，因此，常温下阴凉处保存即可，无须冷藏。

⊙ 最好冷藏保存的几类食物

馒头、面包等淀粉类食品

如这类食物储藏时间超过3天，应当用保鲜袋分装成一次能吃完的独立包装，封严后放入冰箱冷冻室，吃之前充分加热即可。

豆瓣酱、芝麻酱等酱类调味品

夏天温度高，酱类食品会缓慢地发生脂肪氧化反应，并且风味变差。如果开封后两三周内吃不完，最好放入冰箱冷藏。

水果干、干香菇、虾皮等干制品

这类食物在闷热潮湿的夏季容易霉变、生虫或者吸潮变软。

建议：若开袋后没吃完，建议将其先在太阳底下暴晒或放入微波炉内加热，确保去除水分、杀灭虫卵。待冷却后用密封的容器分装放入冰箱的冷藏室保存。

大米、豆类等粮食

坚果

　　夏天，豆子、大米等都很容易生虫。如果把它们提前分成一次能够吃完的小包，包严实后放入冰箱冷冻室中，冷冻两三个星期，虫卵就不能正常"萌发"了。

　　建议：可优先选购真空包装的粮食，因为玉米和大米等都是霉菌非常"喜欢"的食物，但真空条件下，霉菌很难繁殖。

　　坚果油脂成分较多，在紫外线、氧气和水分的影响下，脂肪会发生氧化，导致酸败、变质，产生一股刺鼻难闻的味道。夏天天气潮湿，坚果很容易吸收空气中的水分变软，甚至受到霉菌的侵害。

　　建议：坚果买回家后，建议趁干燥时，分装成一次可以吃完的量，密封后放入冰箱冷冻室保存。

做好空调病的防治

夏日的酷暑高温，空调成了不少家庭的"至爱"。不少家长贪图凉快，长时间开着空调，却忽略了空调给孩子的健康带来的危害。事实上，夏季本身就是"空调病"的高发期，儿童特别是婴幼儿由于免疫系统稳定性差、抵抗力弱，长时间待在空调房间内，更易患上空调病。空调病是指长期处在空调环境中而出现头晕、头痛、食欲不振、上呼吸道感染、关节酸痛等症状的疾病。医学上并没有空调病这种说法，这是一个社会学诊断的病名，多发生于夏季，老人、儿童和妇女是易感人群，呼吸道、关节肌肉、神经系统最易受损。

夏季使用空调主要有两个问题：空气质量差和寒邪重。夏季孩子得空调病，基本是呼吸道疾病。首先，空调房的空气质量非常差，很多家长不重视这一点，孩子整夜地吸纳细菌，就会导致生病。其次，很多得空调病的孩子不是由于暑邪、火邪入侵所致，而是寒邪、湿邪所致，因为空调这种"人造"的寒邪，比自然的寒邪还厉害。夏季室外热、室内冷，温差大，孩子一进一出，反复把寒气一

层一层地压在孩子体内，稚嫩的阳气凝滞，从而导致抵抗力下降。

但是不使用空调又是不现实的。夏季气温接近30℃，不开空调孩子根本无法入睡。空调的使用，是夏季家长在衣食住行上照护孩子最重要的一环，以下有2个保证空气质量的方法，家长一定要重视。

⊙ 开空调的同时要开窗

大多数家长都会忽略这一点。开空调的时候，门窗不要全部紧闭，要适当开或半开一扇窗，这样做的好处是：避免室内外的温差过大，保持空气的清新。

开空调而长时间不开窗，室内空气质量会严重下降。室外被污染的空气会被空调制冷，然后又回到室内，反复循环。如果室内人多，每个人呼出的二氧化碳和消化道内的废弃污染物就会排出体外，导致室内的空气成分发生严重变化，污染越来越严重。浑浊的空气对孩子包括大人的伤害非常大，尤其是对呼吸道的伤害。有过敏体质的孩子，对于空气质量就更敏感，很多家长以为经常清洗空调的隔尘板就会没事，可一开空调孩子还是咳嗽，就是这个原因。因此，开空调的同时开窗是非常必要的。

⊙ 放一盆清水比加湿器更好

保持空调房的空气湿度是很重要的，很多家长因此买了加湿器。其实使用加湿器的效果并没有直接放一盆清水好，加湿器最大的问题就是污染。

第一，钙、镁污染。自来水中由于含有钙和镁，加湿器反而成了雾霾制造器，会产生白色粉末，加大房间的粉尘污染。如果过一段时间去看加湿器的底座，就会发现出现一层白白的粉末，就是这个原因。

第二，细菌滋生。家长很少能做到每天清洗加湿器，即便每周清洗一次，还是会有不少细菌。大家试着接一盆清水放一周，看看水的质量会怎样。当开启加湿器时，细菌就会跟随喷雾进入到空气中，通过呼吸道进入孩子体内，加大生病的可能性。除非每天清洗，否则不如在房间放一盆清水，每天更换。最好每到晚饭后用拖把把房间拖一遍，一来保持卫生，二来增强加湿效果。但家长要防止孩子出入滑倒。

⊙ 夏季如何预防空调病

（1）温度不要调的太低。使用空调时，室内温度最好控制在26℃左右，室内外温差以不超过5℃为宜，这样的温度能够最大限度地防止感冒的发生，也是人体最适宜的温度。

（2）出汗时不要对着空调吹，尤其不能在大汗淋漓时立即进入温度很低的空调房。如果有汗时要进入空调房，应先换掉湿衣，擦干汗水。

（3）家长要注意一定不能让空调吹到孩子的头面颈部。孩子睡着后，可以用一条薄薄的纱布巾，轻轻盖在孩子的脖子处。还要防止空调直接吹到孩子的肚子，最好在孩子的肚子上裹一个薄薄的毯子，以防孩子踢被后肚子受凉。或给孩子穿上小肚兜，包住孩子的肚子。

（4）开空调的同时开窗通风换气，空调滤芯要经常清洗，防止细菌的滋生，保持室内空气清洁干爽。

⊙ 巧用食疗预防空调病

空调病多归于热病，平时预防很重要。可适量喝一些清凉饮料，如菊花茶、金银花茶、绿豆汤、莲子木耳粥等。另外，多吃冬瓜、丝瓜类蔬菜，蛋、肉、牛奶等，少吃冷冻食品，多食蛋白质丰盛的食物能增强机体抵抗力。

中医认为，生姜具有发汗解表、温胃止呕、解毒等功效。久在空调环境中，喝点姜汤、大枣姜汤、红糖姜汤、绿茶姜汤、盐醋姜汤等都有助于驱寒解表，可防止空调病。

夏日皮肤病的防治

炎炎夏日，酷暑难耐，各种皮肤病更是藏踪匿迹，"伺机行动"。尤其是儿童，皮肤比较娇嫩，一些皮肤组织结构尚未发育成熟，抵御能力比较低，更容易感染各种皮肤病。所以，了解夏季孩子易患的皮肤病及预防方法就显得尤为重要。

⊙ 湿疹

婴儿湿疹，俗称奶癣，是婴幼儿夏季常见的一种过敏性皮肤病，大多发生在2岁以前。从患病部位来看，婴儿湿疹主要分布在头面部。患有婴儿湿疹的孩子起初表现为皮肤发红，出现皮疹，继而皮肤发糙、脱屑，抚摸如同砂纸。婴儿湿疹的发作主要受季节变化的影响，当外界温差变化较大时，皮肤科门诊患婴儿湿疹的婴幼儿较多。此外，夏季温度高、日光照射、穿着太厚、细菌感染、进食海鲜等，都会导致婴幼儿的湿疹反复发作或加重。

预防：室温过高会加重婴儿湿疹的症状，因此夏季要注意保持室内通风，室温过高时可以开空调；患湿疹的婴幼儿因为皮肤瘙痒，喜欢用手去抓挠疹子，如果指甲长，挠过的地方则可能被细菌感染而引起化脓，因此要勤剪指甲，或者给他做一个小手套套在手上；要每天更换枕巾，不要让湿疹感染化脓菌接触婴儿面部，可在接触头面部的被褥上缝上棉布做的被头，衣服也最好选用棉质的，并且每天换洗；湿疹严重时最好不要洗澡，特别是洗头和洗脸，否则容易加重湿疹；喂养时可在奶粉中加入部分脱脂奶粉，这样可减轻湿疹症状，湿疹发作时不要给婴幼儿进食海鲜等海产品，不要给婴幼儿打预防针等，以免加重皮肤的过敏反应。

⊙ 痱子

痱子是儿童夏季最常见的皮肤问题。夏天出汗多，尤其是儿童喜欢活动，更易出汗。过多的汗液使皮肤表皮细胞肿胀，将汗孔或汗腺导管堵塞，加上儿童汗腺导管发育尚未成熟，汗腺导管膨胀破裂，汗液便渗入邻近组织，潴留于皮内，刺激皮肤产生炎症，从而形成痱子。痱子多发生在头、脸、颈、胸、背、腰等处，有时丘疹中央有小白点，如果保持皮肤清洁，几天后小丘诊就会消失。痱子有痒感，出汗后由于汗液的刺激而有痛感，使小孩很不舒服，总想抓挠。如果皮肤抓破后感染上细菌就有可能变成脓瘤疮，还可能引起附近的淋巴结肿大发炎。

预防：痱子的预防主要在于皮肤清洁，经常用温水给婴幼儿洗澡。夏天天热时每天应给小孩洗一次澡，婴幼儿可洗两次，洗后抹痱子粉或痱毒粉；少穿衣服，衣物应选择宽大、清洁和易蒸发汗液的棉织品；少吃油腻及有刺激性的食物；小孩玩耍出汗后，要及时擦干；室内空气要保持流通凉爽。痱子不能抓挠，可用热水洗澡后抹上痱子粉，或用炉甘石洗剂擦洗，或用1%的薄荷脑涂抹。如果患处抓破化脓，要及时去医院就诊。

⊙ 蚊虫叮咬感染

夏天蚊虫较多，孩子皮肤娇嫩，皮下组织松弛，血管丰富，一旦被蚊虫叮咬后，皮肤会发红、充血、渗血，并很快出现肿胀。孩子感觉痒时就会用手抓挠，抓挠的刺激会加重红肿，有时可继发感染，甚至化脓。

预防：一般来说，草地、环境脏乱、潮湿的地方是蚊虫滋生和聚集的地方，因此要尽量少带孩子到草地附近逗留。出门最好随身携带驱蚊花露水或清凉油，一旦孩子被咬，能及时控制。

⊙ 尿布性皮炎

小孩皮肤娇嫩，若长期受湿尿布的刺激，尿液或粪便中细菌分解的尿素所产生的氨类物质会刺激皮肤而引起尿布性湿疹。尿布性湿疹主要表现为小孩接触尿布的部位如臀部，皮肤出现发红的过敏反应，先是小红点，然后逐渐转变为片状红斑。临床上称为丘疹样皮肤损伤，严重时会出现破溃和糜烂。

预防：要保持孩子臀部清洁干燥，做到及时更换尿布，避免使用粗布或塑料布直接包裹患儿臀部。同时尿布不可兜得过紧，要选用质地柔软、吸水性较好、质量较好的一次性尿布或棉质布做尿布；孩子每次大小便后要用温水洗干净屁股，并擦干。如果疹子破溃，要及时送孩子到皮肤科就诊。

⊙ 脓包病

脓包病大部分由细菌感染引起，具有接触传染的特点，蔓延迅速，大多在春季开始上升，夏季可达到高峰。如果孩子患有痱子、虫咬皮炎，并且皮肤有破损，会使皮肤更易受到细菌感染，且很容易并发脓包病。脓包病多发生在面部、头皮、颈部等处，少数患儿会蔓延至全身，有时伴有高热。

预防：注意避免孩子皮肤破损，一旦破损应及时涂上红药水或甲紫，以防感染。注意清洁卫生，要经常给孩子修剪指甲，勤洗手、勤洗澡、勤换衣服。

⊙ 头癣

头癣是真菌感染头皮、头发所致的疾病。先是毛根部皮肤发红，继而出现小脓疱，干后结成黄痂。头癣是一种儿童高发的疾病，尤其是一到夏季，天气潮湿闷热，这类疾病更为常见。

预防：预防儿童头癣一定要注意头部的日常卫生。夏季很容易出汗，对于孩子来说，由于头发一天到晚暴露在外，会滋生很多细菌，并且头皮自身也会分泌出大量的油脂，成了细菌与病菌滋生的场所。因此，保持头皮与头发的清洁对于预防疾病是很必要的，平时应该注意多给孩子洗头，可以减少这类疾病的发生。家长还应该注意定期给孩子理发，尤其对男孩子，头发过长会带来许多的不便。头发是细菌滋生的场所，因此要定期进行修剪头发，这样可以让头皮更好地呼吸，从而减少一些头皮疾病的出现，整个人看起来也会更加的精神和清爽。平时家长还应注意不要让孩子与宠物过度亲密，宠物身上有很多细菌，会传染给孩子从而引发头癣，因此要注意让孩子跟宠物保持一些距离，防止出现交叉感染的现象。另外，尽量要区分贴身的物品，不要让孩子胡乱穿戴别人的衣帽，不使用别人的梳子、枕头等物品。

夏季儿童易患皮肤病，最简单的预防方法是多洗澡、勤换衣服。洗澡后在肌肤皱褶处抹上一些痱子粉，这样既可以消除皮肤表面的致病性细菌、真菌等微生物，又可以使皮肤保持清洁干爽，增强皮肤的抵抗力。家长要经常帮孩子剪短指甲，洗净双手。此外要加强孩子的体育锻炼，保持适当的营养，以增强体质。饮食方面，中医认为，夏季皮肤病多为受暑热所致，患者常内蕴湿热。因此，患夏季皮肤病的人在饮食上要注意多食用一些能祛暑、利湿、清火、生津的食物，如蔬菜中的苦瓜、丝瓜、冬瓜、生藕、豆菜；水果中的桑葚、西瓜等；动植物中的兔肉、鸭，以及银耳、莲子、百合、蘑菇、豆腐、豆浆、紫菜、海带等，这些食物均具有清热或生津的作用。很多食物和植物也可防治夏季皮炎，如薏苡仁汤、绿豆汤、赤豆汤、菊花茶、金银花露等。

　　若孩子不幸患上皮肤病，家长在饮食方面应多加注意，凡性味甘厚，温热辛辣的食物，如狗肉、鸡肉、羊肉、虾、南瓜、韭菜等则不宜给孩子食用。辛辣而有刺激性的食物，如辣椒、芥菜、咖啡、浓茶、巧克力等对皮肤的激发作用较大，最易诱发夏季皮炎或加剧瘙痒症状，因此也要禁食。

　　此外，富含组织胺、食品添加剂和水杨酸的食物，如鱼类(尤其不新鲜的鱼)、蟹、黄鳝、香肠、番茄、罐头等，食用较多时也会因出现皮肤过敏，从而加重病情或导致复发，因而应尽量少吃或不吃。